TELEVISÃO DIGITAL INTERATIVA

TELEVISÃO DIGITAL INTERATIVA

Reflexões, sistemas e padrões

Edna Brennand e Guido Lemos

EDITORA
HORIZONTE

Copyright © 2007
Edna Brennand e Guido Lemos

Editora
Eliane Alves de Oliveira

Capa
Heloísa Hernandez

Revisão
Lia Ao
Liege Marucci
Diagramação
Editora Horizonte em
ITC New Baskerville 10,5/12,7

1ª Reimpressão
Meta Solutions, agosto de 2017

Papel
Polen bold 80g

Brennand, Edna.
   Televisão digital interativa : reflexões, sistemas e padrões / Edna Brennand e Guido Lemos. Vinhedo : Ed. Horizonte.
   176 p. : il. ; 23 cm.

   Bibliografia.
   ISBN 978-85-99279-07-6

   1. Televisão digital. 2. Tecnologia. 3. Brasil. I. Lemos, Guido. II. Título.

CDD – 384.55

---

contato@editorahorizonte.com.br
www.editorahorizonte.com.br

Sumário

Apresentação, 7
Introdução, 10
Parte I – O fenômeno do cibermundo: a convergência tecnológica, 13
Capítulo 1, Emergência da convergência tecnológica, 14
  1. O contexto de surgimento, 14
    1.1. O conceito do setor conteúdo no processo de convergência tecnológica, 16
    1.2. O surgimento da TV digital, 18
    1.3. Padrões internacionais de TV digital, 20
    1.4. A convergência tecnológica no espaço europeu, 22
  2. Uma questão crucial: o acesso, 24
    2.1. O programa *eEuropa* 2005 – 2010, 25
      2.1.1. Contexto, 25
      2.1.2. Ações propostas, 27
  3. Espaço europeu de pesquisa em ciência, tecnologia e inovação, 28
    3.1. Objetivos estratégicos do espaço europeu de pesquisa, 30
      3.1.1. Banda larga para todos, 30
      3.1.2. Resultados obtidos, 31
    3.2. Quadro global de confiança e segurança, 31
      3.2.1. Objetivos, 31
      3.2.2. Interfaces multimodais, 33
      3.2.3. Empresas e autoridades públicas em rede, 34
    3.3. Tecnologias emergentes, 35
      3.3.1. Tecnologia Powerline, 35
      3.3.2. A tecnologia WiMAX, 35
      3.3.3. Características técnicas do WiMAX, 36
  4. Características dos principais projetos europeus, 36
    4.1. Projetos integrados, 37
    4.2. Criação de redes de excelência *networks of excellence*, 37
    4.3. Projetos de pesquisa específicos "STREPs", 37
  5. A televisão digital interativa na agenda *eEuropa*, 38
    5.1. A divergência sobre padrões unificados, 41
Capítulo 2, Aplicações em televisão digital interativa: novas ecologias cognitivas, 43
  1. A ergonomia cognitiva nas ações *eEuropa*, 43
    1.1. A ergonomia de interfaces: um visto de entrada no país da cognição, 45
    1.2. Interface: janela aberta à cognição, 48
    1.3. A Interface Fluida-IF como uma ferramenta para associação de idéias, 50
    1.4. Uma proposta pertinente para pensar as interfaces fluidas: o projeto RU3 – Les Réseaux Ouverts de l'Inteligence Colletive, 51
      1.4.1. Perspectivas atuais, 53
    1.5. A comunicação bidirecional das redes abertas, 55
    1.6. Modelos de interfaces adaptáveis à fase de inteligência das informações, 60
    1.7. A informação interativa faz o coração das redes de inteligência coletiva, 64

    1.8. *Design* de interação, 65
    1.9. Inteligência artificial e cognição, 66
        1.9.1. Definição da biologia, 67
        1.9.2. A definição vinda da física, 68
        1.9.3. Uma proposição por Maturana e Varela, 68
        1.9.4. Critérios da vida artificial, 70
        1.9.5. Domínios da vida artificial, 70
    1.10. Cognição, interação e modelização, 75
        1.10.1. Wikis: *groupware* nova geração, 76
        1.10.2. Ambientes de trabalho compartilhados – ATC, 76
        1.10.3. Ambientes virtuais compartilhados, 77
Capítulo 3, Exigências a conciliar: ITV e *web*, 80
  1. Ecologias cognitivas para aplicações em ITV e *web*, 80
    1.1. O método CCU – Concepção Centrada no Utilizador, 81
        1.1.1. Etapas do processo de concepção centrada no utilizador, 82
    1.2. Ergonomia ITV, 85
    1.3. Modelos de concepção, 87
    1.4. Modelos de concepção e a pedagogia do uso, 89
    1.5. ITV e desenvolvimento sustentável, 90
Parte II
Capítulo 4, Padrões para codificação e transporte audiovisuais, 94
  1. A família MPEG, 94
    1.1. *Middleware*, 99
    1.2. Arquitetura básica de um sistema de televisão digital, 100
    1.3. Impacto da TV digital sobre o estúdio, 100
    1.4. Impacto da TV digital sobre a central de produções, 101
    1.5. Impacto da TV digital sobre a rádiodifusão, 102
    1.6. Impacto da TV digital sobre a recepção doméstica, 102
    1.7. Novos conceitos introduzidos no modelo de TV digital, 103
    1.8. Arquitetura de sistemas de TV digital pseudo-interativa, 104
    1.9. Arquitetura do STB interativo, 107
    1.10. Arquitetura do gerador de carrossel, 108
        1.10.1. Padrões para TVDI, 110
    1.11. Padrões mundiais de TVDI, 110
    1.12. DVB, 112
    1.13. ATSC, 114
    1.14. ISDB, 116
Capítulo 5, Padrões para modulação e transmissão, 119
  1. Esquemas de modulação, 119
    1.1. Padrão para multiplexação e transporte, 122
    1.2. Padrões para codificação e compressão, 127
    1.3. Padrões de *middleware*, 128
    1.4. Padrões de *middleware* para TVDI, 135
    1.5. Prática em desenvolvimento de aplicações para TVDI, 136
    1.6. Uma plataforma pessoal para desenvolvimento DVB-J/MHP, 138
    1.7. A opção brasileira pelo padrão japonês ISDB, 145
Glossário de termos, 149
Referências, 173

Apresentação

A pesquisa que originou este livro nasceu da necessidade de alargamento da compreensão sobre a paisagem audiovisual complexa que marcou o início do século XXI. A contribuição que trazemos coincide com um evento de fundamental importância no Brasil: o ano de implementação da TV Digital. Embora as discussões políticas sobre o modelo de TV digital a ser adotado pelo Brasil, segundo alguns analistas, entravaram algumas decisões técnicas, as pesquisas avançaram em vários domínios, quais sejam nos de processos de escolha de plataformas, de construção de tecnologias apropriadas e de desenhos sobre uma política de produção de conteúdos.

A evolução das técnicas de codificação digital de áudio e vídeo, aliada aos novos esquemas eficientes de modulação para transmissões digitais, tornam possível o advento da TV digital e com ela uma vasta gama de novos serviços. A possibilidade de encapsulamento de dados para a difusão em conjunto com áudio/vídeo de TV abre um leque de diversas alternativas para a provisão de serviços avançados. As emissoras poderão não somente disponibilizar uma programação de alta qualidade de imagem e som, mas também a tornar mais atraente, permitindo aos usuários interagirem com os programas que estão sendo assistidos. Cabe ao sistema de TV digital, portanto, prover meios para que esses tipos de funcionalidades sejam oferecidos, definindo padrões de codificação, recuperação, sincronização e tratamento dos dados difundidos. Pode-se resumir as funcionalidades citadas em "agregar capacidade computacional à TV". Padronizar a codificação e transporte de dados significa estabelecer regras para a introdução de fragmentos de informação (componentes de aplicações, arquivos ou quaisquer objetos de dados) no fluxo de transporte das emissoras de TV. A televisão foi considerada sempre uma mídia centralizada que alcança milhões de espectadores, o que a tornava pouco propensa à interatividade. Mas por meio do protocolo IP a promessa de interatividade se realiza de maneira muito mais contundente. Os novos usos da TV ligados a uma possibilidade mais ampla de interatividade estão, certamente, gerando outra forma de ver a televisão.

A Universidade Federal da Paraíba – UFPB – tem contribuído de forma importante nesse processo, aglutinando pesquisadores e projetos que realizam parcerias com diversas instituições de pesquisa do Brasil e exterior. Desenvolve projetos envolvendo pesquisa sobre alternativas tecnológicas de *middlewares* (FlexTV) e aplicações em ITV (ergonomia de interfaces).

Vivenciamos, no Brasil, nesse domínio, a busca do desenvolvimento de novos modelos de negócios, o que justifica a importância das discussões que trazemos aqui sobre a ergonomia cognitiva para ITV.

A arquitetura da informação é o fundamento primeiro quando se pensa em uma aplicação no domínio de um software, internet ou televisão digital. Para otimizar essa arquitetura, levam-se em conta os mecanismos de interação, o nível de evolução das possibilidades tecnológicas, uma visão atualizada das necessidades dos utilizadores, além da utilização de metodologias específicas de caráter interdisciplinar e do conhecimento sobre o estado da arte no domínio de concepção.

A intensificação e o alargamento das colaborações interdisciplinares, no contexto internacional, fazem crescer as pesquisas sobre a ergonomia cognitiva, tendo em vista a gama de possibilidades de produção de conteúdos para veiculação via tecnologias da informação e comunicação. Os processos cognitivos animal, natural e artificial são aproximados no sentido de promover o encontro entre as Ciências Humanas e Sociais, a Ciência da Computação, a Neurociência, a Lingüística, a Ciência da Informação e Comunicação e outros domínios para desenvolver estudos sobre o homem e a sociedade. Esta pequisa se situa no *carrefour* dessas várias disciplinas e busca tecer sinergias para criar uma rede de pesquisa e inovação.

Os desafios colocados pela evolução das possibilidades de ambientes interativos fazem aumentar a importância da pesquisa interdisciplinar nesse domínio. A predisposição para mais interação é inerente à capacidade cognitiva dos seres humanos. Em todas as formas de relação entre o homem e a máquina ou entre o homem e outros homens, estejam eles utilizando ou não tecnologias digitais, a necessidade de escolha e de intervenção de mudanças se coloca como fundamental. A possibilidade de navegar em hipertextos, avançar e retroceder uma fita de vídeo, fazer o *zaping* num controle remoto de TV, mesmo em 150 possibilidades de canais, ainda não satisfaz a necessidade intrínseca que os sujeitos cognitivos possuem de transgredir e redirecionar os fluxos comunicacionais. Nesse sentido, os *browsers* deverão tornar-se interfaces de *groupware*, permitindo que os utilizadores se contatem, discutam os documentos, reescrevam documentos e interajam com seus *displays* em tempo real. Toda ergonomia cognitiva restrita à lógica linear, em que todos os processos devam ter início meio e fim, está sujeita ao fracasso.

Assim, a primeira parte deste livro é oriunda de uma pesquisa desenvolvida na Université Catholique de Louvain – UCL –, Bélgica, no Departamento de Comunicação, com o apoio financeiro da Capes. Por meio da participação nas discussões de pesquisadores do grupo de pesquisa "Mediations des Savoirs" e da intermediação desse grupo, tivemos acesso aos documentos e relatórios técnicos da União Européia. A segunda parte foi fundamentada em diversos trabalhos desenvolvidos no Laboratório de Vídeo Digital – LAVID/UFPB (www.lavid.ufpb.br), dentro do projeto FlexTV.

Gostaríamos de agradecer a parceria dos professores André Berten, Pierre Fastrez e Jean Pierre Mounier, do Departamento de Comunicação da UCL, pelo apoio para realização da primeira parte da pesquisa e por terem aceitado a parceria para sua continuação, a fim de estudar aspectos cognitivos para ergonomia ITV. Nossos agradecimentos vão, também, à European Commission Information Society Technologies, pela permissão de consulta aos documentos, à Universidade Federal da Paraíba e à Capes.

João Pessoa, outono de 2006.

Edna G. de G. Brennand
Guido de Souza Lemos

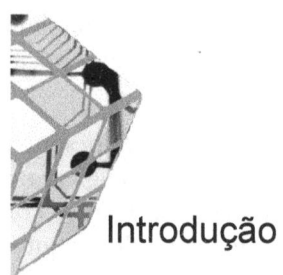

Introdução

A partir da segunda metade do século XX, entramos numa sociedade cognitiva em que a informação, o conhecimento e o saber atingem um desenvolvimento sem precedentes, graças às redes eletrônicas de comunicação. Após diversos anos de desenvolvimento exponencial do conhecimento, é cada vez mais difícil a utopia de **tudo** dominar, em determinado campo do conhecimento. Essa sociedade está nascendo com novos poderes, novos jogos de poder e novos desafios.

A convergência tecnológica, entendida como o imbricamento das telecomunicações e da informática, traz modificações econômicas e sociais ainda pouco compreendidas. Na última década do século XX, a difusão e a evolução das pesquisas e aplicações em tecnologias da informação e comunicação conjugaram-se para acelerar a evolução da economia e da sociedade, fazendo nascer um novo tipo de sociedade cognitiva. A informação, como insumo primordial, passa a representar um valor agregado a grande parte dos bens, serviços e tecnologias apropriadas. A possibilidade de acesso, de produção e de processamento das informações define o lugar do indivíduo na sociedade, bem como sua empregabilidade e condições de aprendizagem. Novos indicadores e conceitos já permitem a descrição das novas bases da sociedade e os possíveis impactos sobre o sistema produtivo e as condições de vida em geral.

Grande parte dos estudos sobre a convergência tecnológica aponta para a emergência de um novo tipo de sociedade que só pode ser compreendida a partir de dois eixos fundamentais: as comunicações integradas e a engenharia do conhecimento. Os estudiosos dedicados a análises prospectivas acreditam que se vive hoje uma etapa de transformações, cujos delineamentos futuros são imprecisos dada a grande velocidade em que ocorrem.

O fenômeno da convergência tecnológica se traduz por uma distinção cada vez mais marcante das redes digitais e dos serviços que elas veiculam. Essas redes que veiculam, indiferentemente, voz, dados e imagem inauguram um momento histórico sem precedentes de possibilidades de divulgar e produzir informações.

A pesquisa no domínio da inovação traz à cena novas possibilidades: a nanotecnologia, permitindo produzir máquinas de dimensões moleculares; a microeletrônica, evoluindo dos megabytes aos terabytes; os softwares, aglutinando a inteligência humana à expansão do acesso à banda larga; e a internet, colocando em interação três bilhões de usuários no planeta. Nesse contexto, é necessário adotar uma nova lógica de compreensão da complexidade e complementaridade desse processo, para compreender as vantagens, os inconvenientes e os desdobramentos que trazem as redes ao seio desse modelo socioeconômico-cultural.

A força das redes de comunicação multimídia reside nas possibilidades ricas de troca de fontes de informação. Três conceitos básicos reforçam esse potencial: a intercomunicabilidade, a interoperabilidade e a interconectividade. Esses termos fornecem a chave da capacidade do desenvolvimento explosivo da internet. Eles permitem casamentos e interações em todos os níveis da sociedade do conhecimento (sociedade cognitiva). A intercomunicabilidade favorece as relações entre ferramentas usadas em diversas plataformas, como telefones, servidores, *notebooks* etc. A interoperabilidade autoriza conexões entre redes diferentes em baixa, média ou alta velocidade da banda passante. Essas diferentes características constituem uma ruptura tecnológica e mesmo filosófica na sociedade da informação. Outra característica importante é destacada pelas redes especializadas pessoais sem fio (*personal network*): permitir com certo número de funções, a religação de aparelhos isolados, como aparelhos fotográficos digitais, *scanners* de mão, telefones celulares e *laptops*. O software Jini, da Sun Microsystems, por exemplo, foi criado para permitir a interação entre essas ferramentas, independentemente da tecnologia utilizada.

Esse processo, hoje, reconfigura relações sociais, culturais, políticas e econômicas em todo o planeta, redefinindo parcerias, atores e financiamento. Assim, esta pesquisa se originou da necessidade de compreender como atualmente um dos blocos econômicos mais importantes, a União Européia, discute, implementa e redesenha as mudanças ocorridas com o surgimento da sociedade do conhecimento.

Com o apoio da Capes e da UFPB, no Brasil, e da UCL, na Bélgica, a primeira parte da pesquisa, intitulada *TV interativa digital e web: interatividade e aprendizagens cooperativas na educação*, foi desenvolvida no âmbito do projeto: Desenvolvimento de hardware e software para televisão digital de alta definição-HiTV, com apoio do Sepin/Finep/

CNPq, para desenvolvimento e teste de ferramentas e programas para televisão digital interativa.

Por meio do estudo de relatórios técnicos, programas científicos e debates, procuramos compreender as políticas desenvolvidas no âmbito da União Européia, no que se refere à ciência, à tecnologia e à inovação, bem como o processo de planificação da macropolítica denominada *eEuropa*, no contexto da chamada sociedade da informação. Dois aspectos mereceram destaque em função de nossos interesses de pesquisa no Brasil: a televisão digital interativa e os novos contextos de utilização da *web*.

O contato direto com atores e pesquisadores que implementam as ações do plano *eEuropa*, o acesso a relatórios técnicos elaborados pela União Européia e o acompanhamento de *sites* e projetos dedicados, permitiram-nos levar ao leitor brasileiro uma síntese da implementação do plano de ação para consolidar uma política em ciência, tecnologia e inovação na União Européia. Sintetizamos, sobretudo, os avanços consideráveis constatados na regulamentação dos domínios das telecomunicações, principalmente, no que concerne a serviços, aplicações e conteúdos, em quatro domínios verticais: *e-governement*, regulamentação de normas, incremento do acesso e avanços de possibilidades de aplicação em ITV e *web*.

A economia digital, no seio da União Européia, coloca dois grandes desafios: maximizar a utilização de tecnologias digitais e a internet, para implementar a eficácia dos serviços públicos, melhorar a produtividade e a empregabilidade e promover a eqüidade de acesso aos bens culturais e econômicos, sem discriminação com o conjunto de cidadãos de todos os Estados-membros.

Inúmeros grupos interdisciplinares, com representantes de universidades, empresas, instituições, comissões e de Estados-membros, definiram um quadro de cooperação européia, a fim de produzir diretrizes para o desenvolvimento de políticas, identificação de competências, planejamento e gestão, pesquisa e desenvolvimento e processos de acompanhamento e avaliação do plano *eEuropa*, que mostra a possibilidade de a sociedade, em seu conjunto, buscar soluções possíveis para seus problemas.

Esses desafios e as respostas procuradas se traduzem em um conjunto de ações-chaves, que apresentamos ao público brasileiro nas páginas a seguir. Esperamos, assim, participar do debate que se instala no Brasil, oferecendo a possibilidade de avaliar as ações desenvolvidas na União Européia e sua adequabilidade a possíveis ações desenvolvidas no âmbito das políticas nacionais. Reconhecemos, no entanto, as diferenças de nuance em função do contexto, mas é uma experiência não negligenciável para o debate brasileiro.

Parte I

O FENÔMENO DO CIBERMUNDO:
A CONVERGÊNCIA TECNOLÓGICA

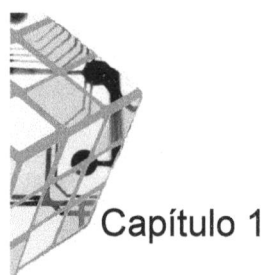

Capítulo 1

EMERGÊNCIA DA CONVERGÊNCIA TECNOLÓGICA

1. Contexto de surgimento

A crise da indústria eletrônica, no curso da década de 1980, é assinalada por um *détour* tecnológico em direção ao digital. São as inovações decorrentes desse processo que vão deslanchar o movimento de convergência tecnológica, permitindo transformar todo tipo de informação assimilável pela "eletrônica" em pacotes padronizados de sinais elétricos binários e tecnologias digitais capazes de explorar o som, a imagem, o texto ou os programas de informática por meios eletrônicos. Com as tecnologias digitais, abrem-se largas passarelas entre diferentes aplicações, até este momento, pouco exploradas. Esse fenômeno, conhecido com o nome de convergência tecnológica, traduz-se por uma distinção cada vez mais marcada pelas redes digitais e pelos serviços que elas veiculam.

Grande parte dos estudos sobre a convergência tecnológica aponta para a emergência de um novo tipo de sociedade, que só pode ser compreendida a partir de dois eixos fundamentais: as comunicações integradas e a engenharia do conhecimento. Esse advento demanda novas matrizes teóricas de compreensão, uma vez que reestrutura a engenharia cognitiva dos indivíduos.

Entramos numa sociedade cognitiva, em que as informações, os conhecimentos e os saberes experimentam um desenvolvimento sem precedentes, graças às redes eletrônicas de comunicação. Nos últimos trinta anos, o desenvolvimento exponencial do conhecimento coloca como utopia a vontade de querer tudo conhecer (e, logo, ensinar), num domínio específico.

Do ponto de vista conceitual, entendemos a convergência como a capacidade do uso de uma mesma plataforma de rede de telecomunicações para transporte de diferentes serviços: telefonia, vídeo, música e internet. No cotidiano, já é possível constatar a tendência crescente do desenvolvimento de produtos e serviços por empresas de diferentes setores da indústria de comunicação e entretenimento na produção e veiculação integrada por meio de redes. É possível também identificar, na economia e na cultura, grupos que trabalham em rede, como a associação entre provedores de internet com empresas de comunicação, editores de revistas, jornais e televisão, serviços de *e-mail* por telefonia móvel, transmissão de programas de TV via internet, acesso à banda larga por meio de empresas de TV por assinatura, acesso ao telefone via computador, a tecnologia da informação e a biotecnologia.

Quando tecnologias que cremos inconciliáveis – como a biotecnologia e a tecnologia da informação – se convergem, as possibilidades são quase infinitas. Mas esse tipo de convergência foi possível graças a outro tipo de convergência produzida ao longo dos últimos vinte anos: a eliminação das antigas fronteiras entre os centros de pesquisa, empresas, governos e universidades. Há algumas décadas, eram consideradas como instituições diferentes no seio da mesma economia. Hoje, pode-se dizer que são instituições indissociáveis. A colaboração entre esses atores explica o aparecimento de redes inovadoras de produção de ciência e tecnologia, e de parceiros de excelência a trabalharem em direção a objetivos comuns.

As vias para a ampliação da convergência tecnológica se dão pela ampliação das redes de *experts*, assim como pela utilização crescente do protocolo IP – Internet Protocol, que contribui largamente para o fortalecimento desse fenômeno. Seus efeitos, embora recentes, atualmente evoluem de forma rápida e estão diretamente relacionados aos avanços científicos e tecnológicos associados a esse protocolo e, podemos dizer, aos avanços no domínio da *internet* e dos serviços de comunicação que ela permite. Traduzem, na realidade, um fenômeno de convergência de redes fortemente influenciado pela maneira como estão sendo formuladas as formas jurídicas de regulamentação.

Pudemos assistir, ao longo da década de 1990, ao processo de banalização das redes capazes de transportar, indiferentemente, a voz, os dados e a imagem e, por fim, da tradicional distinção entre o audiovisual e as telecomunicações que, nesse contexto, transformam-se numa simples distinção entre redes e conteúdos veiculados.

Nessa nova etapa do processo de superação tecnológica, estão em andamento a digitalização e a alta definição da televisão. O aperfeiçoamento das técnicas computacionais de tratamento da imagem e das redes globais de computadores converge para uma forma de processamento apenas. Cinema e televisão, televisão e vídeo computadorizado, jornal e texto interativo, bibliotecas e bancos de dados compõem a multimídia integrada ao alcance do homem comum.

O impacto social desse fenômeno está no seu adentramento à vida cotidiana. Tendo a internet como suporte, já podemos utilizá-la desde a compra de legumes, num supermercado virtual, ao *download* de espetáculos; desde o teletrabalho à educação à distância. O comércio eletrônico que, há alguns anos, parecia uma utopia, hoje é uma realidade, uma economia de bilhões de dólares, mas no futuro será a base da economia mundial.

Um exemplo significativo de convergência tecnológica, atualmente, foi a finalização do chamado protocolo Enum (*numérotage téléphonique sur l'internet*), o qual consiste em um mecanismo de resolução e conversão de endereços que permite fazer corresponder a um número de telefone a recomendação E.164, um nome de domínio, reenviando uma lista de endereços digitais de serviços de comunicação (endereço *e-mail*, URL de *site*, endereço de um telefone IP etc.), por ordens de prioridade. Isso permitiu que os números de telefone da rede telefônica pudessem ser associados a outras fontes e serviços da rede IP, com a ajuda do sistema DNS.

Esse protocolo vai simplificar a comunicação entre a rede telefônica e a rede IP, favorecendo a possibilidade de novas aplicações realmente convergentes: a utilização de um número de telefone para unificar os ambientes de comunicação de uma pessoa, simplificando o acesso a *web* a partir, por exemplo, do telefone celular, com uma transparência enorme para o utilizador final. Esse protocolo obteve a aprovação da Union Internacional de Teleradiodifuseurs – UIT e da Internet Architecture Board – IAB. Por meio de um só número de telefone, os utilizadores finais poderão aceder a uma grande variedade de terminais: telefone, telecópias, correio eletrônico, radiopesquisa, telefones celulares, *site web* e qualquer serviço disponível por intermédio de um sistema de endereços na internet.

1.1. O conceito do setor conteúdo no processo de convergência tecnológica

A generalização do recurso de produção digital desencadeou um movimento importante de convergência tecnológica entre setores de equipamentos eletrônicos (*chips*, componentes de medida, sistemas de controle, aparelhos audiovisuais), de informática (equipamentos e softwares) e de telecomunicações (equipamentos e serviços). Uma vez que essa evolução se tornou visível, esses setores de atividade foram percebidos como elementos de um grupo de produção relativamente homogêneo. Mas a convergência tecnológica não é a palavra mestra para designar o conjunto da economia e da sociedade da informação e do conhecimento. Às vezes, é comum verificarmos que essa compreensão é aplicada de forma inadequada, porquanto a convergência tecnológica é de natureza técnica e afeta um número limitado do processo de produção. A convergência tecnológica não leva necessariamente a convergência dos mercados relativos aos produtos oriundos de tecnologias convergentes. Não implica, tampouco, em convergência automática dos setores de atividades correspondentes. A convergência entre informática e telecomunicações, por exemplo, não ocasiona, ao mesmo tempo, a convergência entre essas atividades e as atividades de produção de conteúdos. Produzir, editar e distribuir um programa de televisão e fornecer um serviço de telefonia são atividades forçosamente diferentes.

O surgimento da internet e o aparecimento das Tecnologias da Informação e Comunicação – TICs – colocaram em evidência categorias particulares de produtos, cujos valores não são provenientes de suas propriedades físicas tangíveis, mas do seu conteúdo informacional, educativo, cultural e recreativo. Por exemplo, com a convergência tecnológica, muitas informações podem ser publicadas por diversos suportes, como o impresso, cassete, áudio, CD-Rom, *e-book*, disquete, *site web* etc. Os registros musicais, uma imagem ou um filme podem ser obtidos por meio de uma gama variada de suportes. Entretanto, o valor desses produtos é determinado pela natureza do seu conteúdo, independentemente do tipo de suporte em que é produzido. O conteúdo editorial de um jornal dá seu verdadeiro valor, qualquer que seja sua característica física. Na realidade, o que mudou foi a percepção sobre as atividades de produção de conteúdos. Essa percepção levou os estatísticos americanos a introduzirem uma divisão – informação – na nomenclatura de atividades do Sistema de Classificação das Indústrias da América do Norte – SCIAN/1997 (Aufrant e Nivlet, 2001). Assim, a convergência propicia uma difusão em massa de conteúdos, a qual gerou o conceito **economia da informação**, fator extremamente forte na transformação sócio-econômico-política no planeta. De acordo com a Organização de Cooperação e de Desenvolvimento Econômico – OCDE[1], os indicadores sobre a sociedade da informação identificam claramente os campos "Economia da Informação" e "Produtos TICs e de Conteúdo", isto é, a base produtiva subjacente à economia da informação corresponde ao conjunto de setores das atividades TICs e de conteúdo. Dito de outra forma: Setor de Economia da Informação = Setor TICs + Setor de Produção de Conteúdos + Indústria TICs + Serviços TICs = Setor TICs. Um produto TICs, nesse contexto, é definido como um instrumento que permite produzir, tratar, estocar e transmitir a informação por meios eletrônicos e um produto conteúdo definido como atividades de produção de informações sucetíveis a tratamento e difusão eletrônica.

Os abundantes relatórios de diversos países que compõem a União Européia e do Canadá, aos quais tivemos acesso, assinalam o fenômeno da convergência tecnológica como uma exigência da sociedade do

---

1. Disponível em: <http://www.oecd.org/infopays>.

conhecimento, chamada pelos franceses de sociedade cognitiva. Isso significa dizer que a sociedade, em seu conjunto, deva estar em permanente estado de aprendizagem que se transformará, paulatinamente, numa extensa rede de diferentes ecologias cognitivas, marcando uma nova fase da história da humanidade. Nesse contexto, a educação e a empregabilidade são os eixos mais importantes das diversas políticas. A educação aqui é reconhecida como elemento coestruturante para novas formas de construção social que integrem as tecnologias da informação e comunicação, não como instrumentos pedagógicos, mas estruturadores de uma nova ecologia cognitiva.

1.2. O surgimento da TV digital

A evolução da possibilidade de convergência tecnológica, desde o fim dos anos 1980, traz para a cena política a discussão sobre a crescente industrialização do audiovisual, uma vez que se abrem perspectivas inusitadas sobre as chamadas novas mídias. Esse processo comportou muitos acidentes de percurso em função das escolhas políticas e do encadeamento, muitas vezes caótico, de reformas. Inúmeras adaptações legislativas ou regulamentares apontam para um novo fenômeno – a era da obsolescência contínua. A necessidade do ajustamento às políticas internacionais e o desafio da crescente inovação tecnológica levam também à convergência de estratégias trazidas pela aproximação entre informática, telecomunicações e produção de conteúdos. O fenômeno da convergência é identificado como um processo de fusão entre grandes nomes da comunicação e das novas demandas dos serviços hipermídias. No que concerne à televisão, as primeiras grandes batalhas iniciam-se em torno de três eixos estratégicos: tecnologia, política e criação de bens simbólicos (conteúdos), tocando fundo numa questão crucial – as normas de difusão e uma política de normalização.

A Europa inicia sua grande política no domínio da televisão de alta definição – TVHD com novas normas de difusão e produção essencialmente por satélite e os novos usos sociais dos serviços *pay per view* e vídeo sob demanda. Nesse contexto, os problemas se colocam da mesma forma quando da passagem da TV preto-e-branco para a TV em cores, que tinha três padrões: Séquencial Couleur à Mémoire – SECAM utilizados na França, Europa do Leste, ex-URSS, África Francofônica, Oriente Médio e uma parte da Ásia; o sistema National Television System Commite – NTSC, utilizado largamente nos Estados Unidos, Canadá, Parte da América do Sul e alguns países asiáticos; e Phase Alternated Line – PAL, utilizado em 63 países. Essa distribuição foi determinada muito mais por questões de ordem política do que de ordem tecnológica e, com a TVHD e a TV digital interativa, essas mesmas questões se recolocam.

No contexto das políticas internacionais, é o Japão que se coloca no patamar maior de um programa de estudos e pesquisas em TVHD fora do contexto político, mas considerando, sobretudo, o interesse comercial aliado ao grande público. A TVHD é um sistema de televisão que, graças às normas ou aos padrões de transmissão específicos, melhora a qualidade da imagem, multiplicando o número de linhas por imagem. Pelo conceito de "alta definição", os tecnólogos instalaram um novo padrão de imagem graças à tela 16/19 no formato retangular, fazendo repercutirem os termos da produção televisual e de recepção de imagem.

As pesquisas iniciaram nos anos de 1970, nos laboratórios da Nippon Hoso Kyokai-NHK, organismo público de radiodifusão e primeiro canal de TV do país, sendo financiadas por grandes grupos de eletrônica, como a Sony, a Hitachi e a Matsushita. O sistema japonês TVHD retoma as normas do sistema NTSC americano, na busca de assegurar o apoio americano para produção de um padrão mundial de difusão e produção de imagens. Os engenheiros japoneses criaram o sistema de produção Hi-Vision (1125 linhas/60Hz) e o sistema de difusão MUSE – Multiple Scampling Encoding. A perspectiva dos japoneses é de renovar completamente o parque de TV para instalar um sistema radicalmente diferente dos anteriores (SECAM, PAL e NTSC). Procuram aceder a um reconhecimento internacional enviando, com apoio dos americanos (Ministério das Comunicações), uma delegação ao Comitê Consultivo Internacional de Radiocomunicações (CCIR), instância encarregada da normalização em matéria de radiodifusão. É um órgão permanente da União Internacional de Telecomunicação (UIT). Esse padrão TVHD, buscado pelos japoneses com apoio dos americanos, é questionado pelo CCIR, que argumenta que os sistemas desenvolvidos são incompatíveis com outras normas européias existentes. Um grupo de trabalho do CCIR, uma arena de negociação importante da qual saem as recomendações de normas, com o apoio de grandes nomes como Francis Ford Copola e Steven Spielberg, percorre a Europa no sentido de convencer possíveis parceiros da qualidade técnica do sistema MUSE (Bray, 2000).

A Europa rapidamente entra em cena com a criação de uma "comunidade do conhecimento" integrada por atores importantes ligados à política de inovação, canais políticos institucionais e *experts* para pensar a questão da TVHD. A perspectiva era a de criar consensos fortes para que fosse admitido que esse grupo poderia representar o interesse dos europeus nesse domínio, e no contexto da arena técnica é chamada a União Européia de Radiodifusão – UER. É essa comunidade do conhecimento e a UER que, juntamente com o CCIR, vai ser importante no processo de internacionalização ao propor uma solução européia em oposição à japonesa, isto é, um sistema TVHD progressivo e compatível.

A experiência anterior da Europa com os sistemas SECAM e PAL, incompatíveis entre eles, provocou muitos inconvenientes na troca de programas audiovisuais, necessitando de decodagem, operação técnica de custo alto e, muitas vezes, pouco confiável. A existência dessas duas normas e as conseqüentes batalhas de ordem diplomática aumentam os partidários de um sistema único. A vontade de unificar a paisagem audiovisual catalisa os jogos tanto políticos quanto tecnológicos da questão.

É preciso assinalar as difíceis relações entre política e tecnologia: a primeira funciona por meio de registros a médio e a longo prazo, ao passo que as decisões envolvem o progresso tecnológico.

Nos Estados Unidos, em 1987, foram iniciados estudos com o objetivo de desenvolver novos conceitos no serviço de televisão. Criou-se o ACATS – Adivisory Commitee on Advanced Television. No início de seus trabalhos, o comitê decidiu desenvolver um sistema totalmente digital, denominado DTV – Digital Television. Foi então criado um laboratório, o ATTC – Advanced Television Test Center, que, entre 1990 e 1992, testou seis propostas. Nos testes realizados, nenhuma das propostas satisfez a todos os requisitos. Em 1993, sete empresas e instituições participantes dos testes (AT&T, GI, MIT, Phillips, Sarnoff, Thomson e Zenith) se uniram formando a "Grande Aliança" para desenvolver um padrão juntas. Numa decisão arrojada, foi adotado como padrão para compressão do vídeo o padrão MPEG-2.

No final de 1993, os europeus também decidiram desenvolver um padrão totalmente digital e adotaram o padrão MPEG. Criou-se o consórcio DVB – Digital Video Broadcasting. A versão DVB para a radiodifusão terrestre (DVB-T) entrou em operação em 1998, na Inglaterra. Em 1995, o ATSC – Advanced Television System Commitee recomenda à FCC – Federal Communications Comission – adotar o sistema da Grande Aliança como o padrão para a DTV norte-americana. O padrão americano, que ficou conhecido como ATSC – Advanced Television Systems Committee –, entrou em operação também em 1998. Só em 1997 os japoneses decidiram desenvolver um padrão totalmente digital. O sistema japonês, denominado ISDB – Integrated Services Digital Broadcasting, assemelha-se ao europeu e entrou em operação com transmissão via satélite em 2000.

1.3. Padrões internacionais de TV digital

O padrão de TV digital dos Estados Unidos foi estabelecido em 1996, com a aprovação concedida pela FCC ao padrão A/53 (hoje, na revisão C [ATSC04b]), criado pelo ATSC. Desde então, o padrão ganhou o nome do comitê, passando a ser identificado apenas por ATSC. O objetivo inicial do ATSC era definir o serviço de TV digital, voltado principalmente para a transmissão de alta qualidade de vídeo (HDTV – High Definition Television) e de áudio (*surround* 5.1). Foram adotados os padrões MPEG-2 e Dolby AC-3 para a codificação de vídeo e de áudio, respectivamente. Com a evolução do ATSC e a adoção por países como o Canadá e a Coréia do Sul (e mais recentemente o México), o padrão foi estendido para comportar serviços de dados e interatividade. O documento A/100 [ATSC03a] especifica o sistema de *middleware* que vem sendo adotado como padrão atualmente, chamado DASE (DTV Application Software Environment). No entanto, diante do movimento de convergência dos padrões de *middleware*, o ATSC vem desenvolvendo um candidato a padrão denominado ACAP – Advanced Common Application Platform-CS/101 (ATSC04c), compatível com a especificação GEM – Globally Executable MHP-TS 102 819 (ETSI04a). O GEM tende a ser a especificação comum adotada por vários padrões internacionais de TV digital, como forma de permitir que aplicações criadas em qualquer país sejam executadas em terminais de acesso de outros padrões de TV digital que utilizem o subconjunto de funcionalidades definido pelo GEM.

Na Europa, foi criado o consórcio DVB – Digital Video Broadcast, formado por empresas de áreas que vão desde a produção de equipamentos até as emissoras de TV. As resoluções do DVB são encaminhadas para aprovação ao ETSI – European Telecommunications Standards Institute. O padrão de TV digital recebe o nome do consórcio, adicionada de um sufixo, conforme a forma de transmissão. Por exemplo, DVB-S padroniza a TV digital via satélite, normalmente utilizado para TV por assinatura; DVB-T regula a TV digital terrestre, por difusão; e DVB-H é a especificação para a TV digital móvel, incluindo dispositivos como celulares e computadores de bolso. O DVB não foi criado com o objetivo de transmissão em HDTV, mas recebeu várias extensões que possibilitam tal uso. Por enquanto, são adotadas como padrão a codificação de vídeo MPEG-2 e a de áudio MPEG-2 Layer 2. Em breve, o formato de áudio tende a ser o AAC. Por ser um padrão muito difundido em toda Europa e em outros países, o DVB possui desenvolvimento avançado em termos de *middleware*, cujo nome é MHP – Multimedia Home Platform-ES 201 812 (ETSI03a). A especificação GEM, mencionada no parágrafo anterior, na realidade é derivada do padrão MHP 1.0.2, subtraído das partes específicas do padrão DVB.

O Japão optou por criar o próprio padrão de TV digital, chamado ISDB – Integrated Services Digital Broadcasting. Em parte, o ISDB é derivado do padrão europeu DVB, mas possui diferenças principalmente na codificação de áudio e no *middleware*. Um ponto de grande avanço na tecnologia ISDB é a recepção móvel de TV digital. O órgão responsável por desenvolver os padrões do ISDB é chamado ARIB – Association of Radio Industries and Business. Existe também o apoio do grupo DiBEG – Digital

Broadcasting Experts Group, responsável por promover o padrão ISDB internacionalmente, em especial traduzindo os documentos ARIB para outras línguas. A codificação de vídeo segue o padrão MPEG-2 e o áudio é AAC. O ISDB é utilizado apenas no Japão, e sua documentação não é completamente aberta nem gratuita. O *middleware* é comumente chamado de ARIB (ARIB STD-B23 [ARIB04a]) e atualmente possui compatibilidade com a especificação GEM.

1.4. A convergência tecnológica no espaço europeu

Uma conferência importante que desencadeou ações conjuntas e de alto nível, organizada pela Comissão Européia sobre convergência tecnológica, ocorreu em Viena – Áustria, em novembro de 1998. Foram reunidas 200 pessoas ligadas aos Estados-membros da União, parlamentares europeus, pesquisadores e especialistas, para discutirem os desdobramentos e os impactos das rápidas mudanças tecnológicas ocorridas no mundo. Uma das questões importantes dessa agenda foi pensar um modelo alternativo de regulamentação, tendo em vista o crescimento sem precedentes do fenômeno da convergência tecnológica.

Unanimemente, os representantes presentes colocaram em evidência a questão do mercado de telecomunicações, da internet, de novos serviços e do comércio eletrônico que estavam, naquele momento, a exigir novas regulamentações, em função do modelo obsoleto existente de perfil setorial, trazendo muitos problemas de ordem jurídica. A partir dessa conferência, e reunindo relatórios de eventos paralelos ocorridos em toda a Europa, a telefonia e a televisão digital são tomadas como parâmetro para ser criado um quadro previsível em que as empresas pudessem tomar decisões em matéria de investimento e favorecer o comércio eletrônico e outras aplicações. O entendimento da necessidade de criar um quadro de regulamentação global fez com que deslanchassem projetos variados em cada Estado-membro conforme suas escolhas específicas.

O fenômeno da convergência é examinado a partir de dois pontos de vista: dos operadores e dos consumidores. Três ferramentas são utilizadas como guias para os debates: a concorrência, a regulamentação, as intervenções de apoio e estimulação. Estudos preliminares apontaram que os consumidores esperavam serviços com bom desempenho e baixo custo, ferramentas e conteúdos de qualidade e a proteção no seu interesse geral por meio de serviços universais.

A regulamentação, atualmente, no seio da União Européia, consiste num equilíbrio entre concorrência, regulamentação e medidas de apoio e estimulação, com uma arbitragem jurídica voltada para os objetivos do mercado, para a livre concorrência e para os objetivos políticos que visam à proteção do interesse geral, notadamente a dos consumidores. Uma questão importante a ser remarcada foi a da separação, em termos de regulamentação, entre **infra-estrutura** e **conteúdo**.

No que diz respeito a conteúdos, a regulamentação responde ao que se chama de interesse geral, isto é, serviços de bom desempenho, de baixo custo, com conteúdos de qualidade e de interesse da sociedade. A tendência é de um trabalho conjunto entre autoridades encarregadas de legislar sobre infra-estrutura e conteúdo, que se consultam de forma sistemática. Uma fusão entre autoridades de regulamentação de telecomunicações e audiovisual. Em termos de segurança jurídica, há um esforço no sentido de favorecer os investimentos empresariais, sem, contudo, deixar de delimitar a proteção do interesse geral (sociedade) a partir de princípios proporcionais e não discriminatórios. O processo de regulamentação busca ser pequeno, transparente, tecnologicamente neutro, tentando equilibrar-se entre regulamentação e concorrência. Está em desenvolvimento um modelo integrado em nível político e jurídico, baseado no princípio da analogia entre os dois poderes. Um equilíbrio de interesses, em que a beneficiada seja a sociedade.

Um grande avanço da União Européia, em direção ao aglutinamento das políticas ligadas ao fenômeno da convergência tecnológica, saiu de uma conferência ministerial dos países que compõem o G-7, em fevereiro de 1995, no que diz respeito à conexão mundial pela banda larga. A discussão iniciou-se na África do Sul, no ano anterior, quando as principais empresas de telecomunicações desses sete países (KDD, AT&T, MCI, Sprint, Teleglobe, Stentor, Unitel, British Telecom, Deutsche Telekom, France Telecom, Telecom Itália e Mercury) discutiram o futuro da sociedade da informação. Da conferência de Bruxelas, saíram os princípios de base que deverão nortear a interconexão e interoperabilidade de uma rede mundial. Industriais, presidentes de empresas internacionais de telecomunicações e chefes de Estado dão seu aval à política internacional e aos princípios discutidos e acordados.

Nessa conferência, foram aprovados 11 projetos-piloto considerados de interesse econômico e social mundial, que envolvem experiências pré-comerciais, conjuntos de aplicações de serviços, incluindo telemedicina, educação à distância, aplicações industriais e pesquisas que envolvem o projeto de interoperabilidade da rede mundial de banda larga (GIBN)[2].

A partir de 2002, quatro enquetes foram desenvolvidas para se conhecer a taxa de crescimento do mercado de telecomunicações por meio da Comissão. Essas pesquisas apontaram, para a década, um forte

---

2. Disponível em: <http://www.ic.gc.ca> (acesso em maio de 2005).

crescimento no domínio das empresas que controlam esse mercado, cujos poderes perpassam a área de atuação dos Estados que tendem a alimentar a progressão de um "universo virtual" capaz de preservar o patrimônio imaterial das diversas culturas. Embora seja considerado uma rica fonte de criatividade cultural, esse universo está se desenvolvendo fora de todo o quadro jurídico na confusão ainda presente entre as fronteiras espaciais, temporais e culturais.

Os relatórios dessas enquetes[3] permitem já registrar o aparecimento de diversos blocos comerciais, como a União Européia, a Associação de Nações da Ásia do Sudeste – ANASE, o Acordo de Livre Comércio das Américas – Alca e o Mercado Comum do Sul – Mercosul, nos quais os efeitos da descentralização do poder político e da soberania das nações estão influenciando todo o processo de regulamentação das telecomunicações com efeitos sobre o processo de convergência tecnológica. A fusão das telecomunicações e da internet comporta importantes jogos econômico-financeiros, já que é um mercado em grande expansão e um fator de desenvolvimento econômico-social, tanto em nível regional e nacional quanto internacional. As novas plataformas de comunicação, em particular, a televisão interativa digital, ou ITV, e os sistemas de celulares de terceira e quarta geração (3G e 4G), começam a seguir regras comuns, alargar as possibilidades de acesso a múltiplas plataformas em diversos serviços, assegurando os objetivos da plena convergência.

2. Uma questão crucial: o acesso

Desde meados da década de 1990, grandes debates estão ocorrendo sobre essa questão, uma vez que o acesso às tecnologias da informação e comunicação é considerado sinônimo de progresso sociopolítico. A disseminação de conteúdos de interesse geral está fortemente ligada à acessibilidade das redes. Assim, há uma discussão permanente sobre preço e concorrência entre diferentes fornecedores de serviços. Nesse sentido, a regulamentação acentua a importância da diversidade de ofertas para que nenhum operador tenha controle exclusivo sobre qualquer produto ou serviço oferecido. As diretrizes e normas para transmissão de televisão, por exemplo, buscam aumentar a possibilidade de oferta para evitar nós de estrangulamento. Outra questão importante é a ênfase dada ao desenvolvimento de soluções européias para fazer face à concorrência implacável *autre-atlantique* (USA).

---

3. Disponível em: <http://www.europa.eu.int/index_fr.htm>.

A produção de conteúdos
A política enfatiza a importância de a comunidade e os Estados-membros produzirem conteúdos de interesse local, uma vez que a qualidade deverá ser garantida nesse processo de explosão de ofertas e de fluxos de informação. A convergência tecnológica é entendida como um desafio à criação de qualidade de conteúdos e não somente um negócio de tecnologia e competitividade; como um fator de progresso social e cultural. Assim, não poderá fazer oposição os interesses dos operadores e dos consumidores. A concorrência é vista como importante na diminuição dos custos telefônicos, mas, no domínio audiovisual, os custos de produção ainda são considerados altos, necessitando de políticas de subvenção.

2.1. O programa *eEuropa* 2005 – 2010

2.1.1. Contexto

Diversas conferências seguem ocorrendo na União Européia, com a finalidade de levar avante discussões e debates que permitam o fortalecimento de um programa europeu para o desenvolvimento e o emprego. Grandes conferências nesse domínio ocorreram em Strasburgo, Luxemburgo, Cardiff, Colônia e Amsterdan, onde os governos dos Estados-membros apresentaram os planos de ação que traduziam diretrizes. O processo de mundialização é tomado como pano de fundo para as agendas de desenvolvimento, das quais as tecnologias da informação e comunicação fazem parte. As perspectivas 2000 – 2010 para a União Européia podem ser examinadas na Agenda 2000, um documento de 1350 páginas, publicado pela Comissão Européia. Essa agenda foi longamente discutida pelo Parlamento e pelo Conselho da Europa, na reunião de cúpula, em Berlim, em 1999.

As reuniões de Cúpula de Lisboa (1999) e Barcelona (2002), que geraram a agenda da década de 2000 – 2010, tiveram como palavra-chave a convergência tecnológica. A União decide concentrar esforços sobre a rede internet, liberalizando o mercado de telecomunicações e reduzindo significativamente o preço do acesso à rede. Da conferência dos diversos relatórios produzidos no seio do parlamento europeu e das decisões das diversas conferências e reuniões de cúpula, saiu o programa *eEuropa* 2005 – 2010, com o objetivo de planejar e executar a política européia baseada na "economia do conhecimento". Durante essa conferência, são discutidas possibilidades de implementação de estratégias de crescimento, fundadas sobre os auspícios da sociedade da informação.

É definido, nesse contexto, o papel do Estado, limitado à formação de trabalhadores, à eliminação de entraves jurídicos e administrativos da iniciativa privada (regulamentação), e à garantia de que todas as escolas da União tenham acesso à internet e aos produtos multimídia. Os governos se engajaram numa estratégia econômico-social em longo prazo: a de tornar a economia do conhecimento a mais competitiva e dinâmica do mundo. Essa estratégia deverá permitir que a União Européia se prepare para a transição em direção a uma economia e a uma sociedade fundadas sobre o conhecimento; que promova reformas econômicas propícias ao aumento da competitividade e da inovação, e modernize o modelo social, investindo na educação, ao longo da vida, e na luta contra a exclusão social.

A partir do objetivo fixado para a União Européia – o de "se tornar a economia mais dinâmica do mundo", – que aconteceu na Conferência de Lisboa, desenha-se o *eEuropa* 2005 – 2010, a União toma como desafio estimular o desenvolvimento de serviços e aplicações, nos seguintes domínios: *e-commerce*, saúde em rede, educação à distância e governo eletrônico. Nesse sentido, são tomadas como ações de base a massificação do uso de banda larga, os problemas voltados à segurança de rede e a troca de conteúdos hipermídia. Como medida política importante, são colocados em cena projetos que possam promover troca de experiências, avaliações comparativas e o incremento da coordenação de políticas já existentes. Para materializar o potencial da banda larga, o uso social é colocado em plano importante. Cada Estado-membro deverá desenvolver seu potencial no domínio da saúde, da educação e do lazer. A inclusão digital deverá ser prioridade, tendo como base a convergência permitida pela ITV e os sistemas móveis de terceira e quarta geração (3G e 4G).

A UE toma como desafio trabalhar ativamente na questão de segurança de redes para favorecer *e-commerce* e *e-learning*. Outra questão na ordem do dia dos debates diz respeito à regulamentação e à gestão, que deverão permitir vantagens tanto econômicas quanto sociais. A convergência deverá garantir a coesão e a diversidade cultural. As possibilidades de interatividade proporcionadas pela convergência tecnológica deverão propiciar, de forma positiva, a melhoria do diálogo entre indivíduos no trabalho, nos círculos de amizade, nos círculos familiares, bem como de suas relações com a comunidade, a sociedade e as instituições.

Podemos assim resumir as principais preocupações do *eEuropa*: novos conceitos concernentes à gestão; o controle e os protocolos de redes, a fim de diminuir os custos de exploração e aumentar a potencialidade das redes no oferecimento de novos serviços e a conexão, de ponta a ponta, das infovias de informação; o desenvolvimento de capacidades múltiplas, com infra-estrutura física de rede de acesso única, dividida em diferentes serviços, de forma a diminuir despesas de investimento e exploração; o aumento da capacidade da banda larga, da rede de acesso ótica/metro, com comutação de dados à altura da evolução esperada pelos utilizadores de serviços.

2.1.2. Ações propostas

a) **Conexão banda larga** – Os Estados-membros deverão se esforçar para equipar toda a administração pública com conexão de banda larga, até o final de 2005, com a possibilidade de que esses serviços devam ser ofertados por diferentes plataformas tecnológicas, sem discriminação no processo de aquisição de conexões, realizados por processos abertos;
b) **Interoperabilidade** – É oferecido um serviço pan-europeu de governo eletrônico à população e às empresas, com conteúdos informativos sobre medidas e especificações técnicas, a fim de unificar os sistemas de informação das administrações do conjunto da UE[4]. O sistema se funda em normas abertas e encoraja vivamente a utilização de softwares livres;
c) **Serviços públicos interativos** – Estão sendo implementadas mudanças nos serviços públicos, com a utilização de serviços em linhas acessíveis a todas as pessoas, diminuindo sensivelmente a necessidade de se deslocarem às instituições para resolver pequenos problemas, favorecendo também pessoas com dificuldades de locomoção, como idosos e portadores de deficiências[5];
d) **Mercados públicos** – Até o final de 2005, os Estados-membros deverão ter uma boa parte dos mercados públicos em linha. A experiência do mercado privado já demonstra claramente que o uso da internet na gestão da cadeia de compras, inclusive de equipamentos de informática, permite redução de custos e já é bastante eficaz. O Conselho do Parlamento Europeu já construiu um conjunto de normas para essa questão;
e) **Pontos de acesso público à internet (PAPI)** – Cada indivíduo deverá acessar facilmente um PAPI, de preferência com conexão banda larga na sua cidade ou município. Os Estados-membros trabalham em parceria com o setor privado e com as ONGs, além de obter apoio de fundos especiais criados para esse fim;
f) **Cultura e turismo** – Em cooperação com os Estados-membros, com as autoridades regionais e o setor privado, são desenvolvidas ações de informações públicas nesse sentido;
g) **Progressos já constatados** – Os números relativos ao uso da internet pela sociedade civil dobraram; o quadro relativo às telecomunicações, em geral, é considerado positivo; os preços de acesso caíram; a grande maioria das empresas e das escolas está conectada; a Europa possui uma malha de rede para pesquisa, considerada a mais rápida do mundo; o

---

4. Disponível em: <http://www.europa.eu.int/ispo/ida>.
5. Disponível em: <http://europa.eu.int/information_society/eeurope/egovconf/index_en.htm>.

quadro jurídico do comércio eletrônico está sendo bem regulamentado; a emergência de infra-estrutura para uso de acesso eletrônico de serviços tem código de segurança digital; há instruções universais nos Estados-membros para acessibilidade; as redes transeuropéias de pesquisa e ensino foram amplamente modernizadas e são pouquíssimos os estabelecimentos escolares que não são conectados a elas.

3. Espaço europeu de pesquisa em ciência, tecnologia e inovação

Um dos passos mais importantes para fortalecer a política de convergência tecnológica foi a criação do espaço europeu para a pesquisa, com o objetivo de permitir a aproximação, em longo prazo, dos organismos de pesquisa e desenvolvimento dos Estados-membros. Essa aproximação toma como fundamento o respeito à diversidade de organismos e suas políticas locais. É uma estratégia chave para fortalecer a pesquisa científica e tecnológica, a fim de responder às expectativas sociais em relação às políticas delimitadas. A primeira etapa consistiu em aprofundar as relações entre os parceiros europeus, de forma a ampliar o conhecimento mútuo, as prioridades, os programas, as atividades dos parceiros, além de permitir que os pesquisadores trabalhem em conjunto a longo prazo.

A convergência tecnológica coloca em evidência a necessidade de realização de outro tipo de convergência: a eliminação das antigas fronteiras entre os centros de pesquisa, empresas, governo e universidades. Atualmente, esses setores são indissociáveis para o fortalecimento de um desenvolvimento sustentável. A colaboração entre eles é considerada cada vez mais importante e necessária.

A Rede de Pesquisa e Inovação Tecnológica foi criada para favorecer uma interação entre pesquisas públicas e empresas bem como um suporte às políticas públicas de inovação em domínios considerados prioritários para o governo ou empresas em domínios tecnológicos bem identificados. Essas redes objetivam também fomentar a inovação para responder aos desafios do mundo econômico globalizado. Várias redes importantes foram criadas dentro de cada programa específico e com objetivos amplos e variados, entre as quais destacamos as seguintes: Rede Genoma – GenHomme; Rede de Inovação Biotecnológica – RIB; Rede de Pesquisa em Telecomunicações – RNRT; Rede de Pesquisa em Micro e Nanotecnologia – RMNT; Rede de Pesquisa em Tecnologias de Softwares – RNTL; Rede Nacional para a Tecnologia, Ensino e Pesquisa – RENATER; Rede Ação em Tecnologia da Linguagem – TechnoLangue; Rede Ação em tecnologias da Visão – TechnoVision; Rede de Pesquisa em Meteorologia de Teste – LNE; Rede de Pesquisa em Audiovisuais e Multimídia – RIAM e outras que estão surgindo em função da demanda.

No domínio específico do audiovisual e da multimídia, a Rede de Inovação Audivisual e Multimídia – RIAM, criada em 2001, aglutinando indústrias de programas para o audiovisual e multimídia, faz interagir pesquisa pública e privada e facilita sua integração à cadeia de produção. A rede incentiva a comunidade de atores (laboratórios de pesquisa pública, indústria, médios e grandes grupos), produtores, conceptores, editores, difusores, formadores e investidores a propor prioridades de pesquisa na perspectiva de criar os laços necessários entre tecnologias inovadoras e a criação de conteúdos. Nesse processo, são aproximados os campos do conhecimento: TICs, ciências humanas, comunicação, ciências econômicas e jurídicas, a fim de intervirem nas ações nacionais européias. Três Ministérios em cada país são associados ao financiamento dessa rede: Economia, Finanças e Indústria; Cultura e Comunicação; e Juventude e Educação. O RIAM funciona como guichê aberto, sendo observados os seguintes temas considerados prioritários:

- Criação e produção de conteúdos face à explosão de suportes (softwares de autoria, novas formas de escrita, efeitos especiais, jogos, softwares de imersão etc.);
- Ferramentas de pesquisa e navegação em bases de dados de grande dimensão (indexação automática, compressão, linguagens hipermídia, interfaces homem-máquina, comportamento de utilizadores etc.);
- Estocagem e difusão de objetos audiovisuais e hipermídia (suportes perenes, transcodagem, estudo de necessidade de informação, gestão de direitos, segurança, adaptação de terminais etc.).

Em 2005, o RIAM definiu quatro grandes prioridades:
- Novas formas de distribuição de audiovisuais hipermídia;
- Digitalização de canais audiovisuais e de cinema;
- Proteção de conteúdos digitais e a gestão de direitos associados;
- Jogos, vídeo e realidade virtual.

As propostas de criação do espaço europeu para a pesquisa e o desenvolvimento tecnológico encontraram uma forte adesão da França, que participou ativamente da organização de conferências e encontros da "European Science Foundation" (ESF) e preparação de diversos programas (seis), entre os quais, o Programa para Pesquisa e Desenvolvimento – PCRD, em andamento.

Importante conferência foi recentemente realizada – 3ème Conférence Citoyenne – com o tema "A Ciência para a Sociedade – A Ciência com a Sociedade", realizada em Bruxelas, capital da Comunidade Européia, em três de abril de 2005, com o objetivo de discutir o impacto das novas tecnologias sobre a qualidade e a segurança dos alimentos e o funcionamento das bases de conhecimento sobre a agricultura, a fim de resolver problemas ligados ao sistema alimentação-saúde.

Desde o fim de 2002, a França vem alimentando o debate sobre a importância da pesquisa científica e tecnológica para a construção do desenvolvimento sustentável na Europa. Em 2004, um debate nacional discute como se têm articulado as demandas dentro do espaço europeu de pesquisa.

3.1. Objetivos estratégicos do espaço europeu de pesquisa

3.1.1. Banda larga para todos

• Desenvolver pesquisas com o fim de realizar a ambição de uma "conexão ótima" em todo lugar, com tempo integral, para além da terceira geração, e que diferentes tipos de acesso sejam associados, a fim de se conseguir esse objetivo. Para isso, são integrados protocolos e tecnologias que maximizem o uso pessoal das redes (rede pessoal/corporal/*ad doc*), em nível local/doméstico (W-LAN, UWB), em nível celular (General Packet Radio Service-GPRS, UTMS) e em nível de zona superior (DxB-T, BWA);

• Desenvolver tecnologias e arquitetura de redes, a fim de permitir disponibilidade geral de acesso à banda larga pelos utilizadores europeus, mesmo nas regiões menos avançadas. Esse acesso representa um catalisador fundamental para impulsionar a economia de informação e conhecimento. As conexões banda larga aumentaram sensivelmente, nos últimos anos as taxas de transmissão entre computadores, telefones celulares, decodificadores, TV e outros dispositivos digitais. As condições de acesso foram otimizadas para assegurar aos consumidores o uso mais convidativo, prático e que favoreça as aplicações multimídia. Do ponto de vista da política européia, a banda larga, plenamente explorada, permitirá melhorar a produtividade e a empregabilidade. O fato de facilitar para trabalhadores, professores, pesquisadores, estudantes e empresas o acesso a informações, a qualquer hora, possibilita, sem dúvida, o aumento da produtividade. Para isso, é imprescindível adaptar os processos de produção das empresas, disponibilizar serviços públicos em linha e reforçar as competências dos utilizadores em geral.

É possível constatar, nos diversos documentos pesquisados, que não existe uma definição universal aceita para a banda larga. A principal característica apresentada é a taxa de transmissão acima de dois megabytes por segundo (Mbps), com funcionamento e acesso permanentes. Atualmente, o acesso à banda larga, na maioria dos Estados-membros, é proposto pelo uso do cabo de fibra ótica e da rede telefônica, graças à tecnologia Asymetric Digital Subscriber Line – ADSL, acessível através da compra de um *modem*, que autoriza uma taxa de transmissão de dados entre 4,6 e 8 Mbps, no sentido descendente (baixar arquivos), e 500 a 900 kb/s, para o sentido ascendente (envio de dados). Daí, a denominação de assimétrica.

Atualmente, estima-se que o mercado europeu de uso de banda larga é 53% ADSL e 27% por cabo. Neste momento, a atenção se concentra na potencialidade do acesso por satélite e da rede elétrica.

As pesquisas tentam situar, no contexto das políticas, os vários sistemas, tomando em consideração o progresso tecnológico na área e o nível de desenvolvimento dos conceitos-chave, no sentido de abrir novas possibilidades econômicas e sociais que permitam as categorias de aplicação e desenvolvimento de aplicações no que diz respeito a: pessoa/pessoa, dispositivo/dispositivo e dispositivo/pessoa. Diversos fóruns, como o Communications Mobiles Internationales – IMT-2000, foram realizados, e um modelo europeu foi consolidado, notadamente no domínio dos sistemas para além da terceira geração (3G). Como exemplo disso, podemos citar o ETSI, para padronização de tecnologias de transmissão internet por fios elétricos, UIT, para discutir e normalizar as possibilidades de ampliação do uso das comunicações móveis internacionais relativas a comunicações *hertziennes* de terceira geração, e muitos outros.

3.1.2. Resultados obtidos

• Um modelo europeu consolidado, do ponto de vista da tecnologia, dos sistemas e dos serviços, notadamente no domínio de normas de acesso para além da terceira geração (CMRT, UIT, 3GPP-IETF, GERTN);

• Um modelo europeu consolidado, no que concerne às exigências de espectros terrestres e satélites para além da terceira geração, e um controle europeu aprofundado de novas técnicas de otimização de uso do espectro ou raio de ação que depascem a terceira geração;

• Um modelo europeu consolidado acerca da possibilidade de reconfiguração e de novos problemas regulamentares conexos, em relação à segurança e à vida privada, implicando essa nova tecnologia.

Os aspectos dos trabalhos de pesquisa que envolvem satélites deverão estar relacionados aos quadros de ação da Accelerated Solutions Environment – L'ASE. As atividades que envolvem comunicação por satélite são executadas em conjunto com as prioridades aeroespaciais da aeronáutica.

3.2. Quadro global de confiança e segurança

3.2.1. Objetivos

• Desenvolver pesquisas de reforço à segurança e à confiabilidade dos sistemas e das infra-estruturas de informação e comunicação, bem como garantir a confiança de utilização das tecnologias da informação e comunicação, priorizando os novos desdobramentos em matéria de segurança e confiabilidade. Esse processo é complexo, dada a grande mobilidade e o dinamismo, no que se refere à produção de conteúdos. Para isso, buscam-se modelos integrados e completos, envolvendo os atores da cadeia produtiva em diferentes níveis e sob diferentes perspectivas. Nesse sentido, a atenção se concentra sobre:

– A elaboração de modelos, arquiteturas de redes e sistemas com tecnologias integradas para segurança, mobilidade, gestão de identidade virtual e respeito à vida privada, considerando-se os níveis de aplicação e a infra-estrutura disponível. Os aspectos concernentes à capacidade de utilização e as questões socioeconômicas e regulamentares devem ser considerados;

– A elaboração de modelos pluridisciplinares integrados e de tecnologias conexas para o fornecimento de um sistema de redes de informação confiável, relacionado ao modelo econômico e às necessidades sociais;

– A construção de ferramentas de ajuda à decisão e gestão, fundadas sobre modelizações e simulações que protejam a infra-estrutura crítica, levando-se em conta as interdependências ligadas às TICs de infra-estrutura crítica e destinadas, sobretudo, à prevenção de riscos e à diminuição da vulnerabilidade;

– A elaboração, experimentação e verificação de tecnologias de codificação inovadoras para possibilitar ampla gama de aplicações de codificação e decodificação, e criação, experimentação e verificação de tecnologias para a proteção, segurança e divisão confiável dos ativos digitais. Uma atenção particular é consagrada a processos que envolvam normalização, assim como uma política de segurança, por meio de consensos gerados entre todos os atores envolvidos na cadeia de valores;

– A pesquisa, o desenvolvimento, a experimentação e a certificação de dispositivos e seus componentes inteligentes e seguros para a próxima geração (por exemplo, cartões com *chips*). Disso dependerão a concepção, a produção e a verificação automática dos dispositivos inteligentes;

– A pesquisa pluridisciplinar assentada sobre bases biométricas e suas aplicações, considerando-se vivamente as questões sociais e operacionais. O reforço da competência européia deve ser propiciado em matéria de certificação e segurança, apoiado no reconhecimento mútuo das tecnologias judiciárias e legais ligadas às redes de informática, a fim de impedir o crescimento da criminalidade informática.

Os trabalhos não deverão ser desenvolvidos sem que sejam consideradas as iniciativas e as políticas dos Estados-membros e associados, dentro de uma perspectiva da confiabilidade e da proteção das infra-estruturas críticas. Convém, então, que sejam proporcionadas colaborações internacionais específicas com comunidades científicas e programas de pesquisa complementares.

3.2.2. Interfaces multimodais

Aqui as pesquisas são voltadas para a criação de interfaces multimodais naturais e adaptativas que reajam de forma inteligente à palavra, à linguagem, à visão, aos gestos, ao toque e a todos os sentidos humanos. Nesse sentido, a atenção se concentra sobre:

• A interação entre pessoa–pessoa e pessoa–máquina, por meio de interfaces multimodais intuitivas e autônomas, permitindo que as pessoas aprendam e se adaptem aos ambientes virtuais, num contexto dinâmico de evolução. As interfaces deverão reconhecer reações emocionais dos utilizadores e serem capazes de promover diálogos robustos, sem problemas particulares aplicados à voz e à linguagem;

• Sistemas multilíngües que facilitem a tradução em domínios não restritivos, em particular, em casos de língua falada espontaneamente e mal escrita, em contextos específicos e para resolução de problemas específicos.

As pesquisas podem ser caracterizadas como básicas ou fundamentais e, não necessariamente, ser aplicadas nos domínios que envolvem aprendizagem automática, visão e gestos na integração de sistemas. Nesse sentido, é concedida uma ênfase no estudo de conceitos em setores de aplicação complexos, como interfaces móveis, roupas e espaços inteligentes, interfaces para ferramentas de trabalho colaborativo, assim como comunicações interculturais. Exige-se um modelo aberto (holístico) que permita a possibilidade de trabalhos conjuntos entre os vários domínios. As redes de excelência deverão se esforçar para diminuir as barreiras entre comunidades científicas e disciplinas isoladas e fazer progredir os conhecimentos nesse domínio, devendo, portanto, contribuir para a criação e o reforço de uso comum de infra-estrutura, notadamente para facilitar a formação e avaliação de normas de anotação e de sistemas de medidas no domínio da usabilidade. Os projetos de pesquisa específica (STREP) devem conhecer as pesquisas desenvolvidas em subdomínios emergentes, a fim de preparar as comunidades científicas associadas.

3.2.3. Empresas e autoridades públicas em rede

Desenvolvem pesquisas que permitem criar uma rede organizacional, a integração de processos de uso comum de recursos. As organizações em redes privadas ou públicas poderão, assim, estabelecer parcerias e alianças mais rápidas e mais eficazes, a fim de repensar e integrar seus processos e produzir produtos e serviços de **valor agregado** para dividir, de maneira eficaz, conhecimentos e experiências. Nesse sentido, a atenção se concentra sobre:

• A gestão de redes dinâmicas de colaboração, por meio da concepção de quadros de harmonização, de especificação de plataformas abertas, de modelos e de ontologias. Isso compreenderá a emergência de pesquisas pluridisciplinares sobre sistemas complexos com capacidade de adaptação e de organização autônoma, bem como sobre modelização e representação de fluxos de trabalho e de conhecimentos a serem utilizados conjuntamente;

• Tecnologias de interoperabilidade com softwares abertos, inteligentes e autônomos, com capacidade para utilização em rede e para adaptação e configuração autônomas em escala variável, que possam ser utilizados por organizações em rede; novas arquiteturas de referência capazes de operar em redes dinâmicas com ajuda de **ontologias**, de tecnologias de agenciamento de GRID, serviços internet, internet semântica (conjunto de *scripts* que permitem gerar conteúdo para um *site*, mesmo sem conhecimento especializado em informática, ideal para *sites* comunitários e associativos);

• Plataformas, aplicações e serviços multimodais abertos interoperáveis e reconfiguráveis de *e-governement* deverão ser construídos a partir de normas européias; apoiar iniciativas nacionais, regionais e locais; softwares abertos, que ofereçam possibilidades para soluções de democratização eletrônica, interação dos cidadãos com empresas e remodelagem de processos de gestão do conhecimento;

• Gestão do conhecimento para inovação e estratégias de troca de capital intelectual. As pesquisas deverão favorecer a modelização intelectual a partir de perspectivas de níveis múltiplos, por meio das cadeias de valores, espaços colaborativos de trabalho, com tecnologias emergentes que facilitem coleta de conhecimentos estratégicos, a criatividade e a produtividade de novas fontes de conhecimento;

• Favorecimento de criação de tecnologias para formação de ecossistemas, organização e gestão de pequenas empresas que favoreçam o desenvolvimento local integrado.

3.3. Tecnologias emergentes

3.3.1. Tecnologia Powerline

O projeto europeu de comunicação, via linha elétrica de alimentação – Powerline ou internet banda larga via rede elétrica – Boucle Locale Électrique – BLE, lançado em 2004 com o nome de Projeto Open PLC European Research Alliance – Opera, inscreve-se dentro do quadro das iniciativas do *eEuropa* e do IST – Information Society Technologies. Um consórcio internacional de serviços públicos, fabricantes, fornecedores de sistemas, universidades e conselheiros internacionais reagrupa os exploradores do PLC (Technologie de Télécommunication via la Ligne d'Alimentation). Os primeiros resultados geram discussões e boas perspectivas, o que tem feito a União Européia colocá-lo entre os grandes projetos para a ampliação da rede banda larga. As iniciativas apontam as tecnologias Powerline como um reforço importante para os serviços de acesso à internet via cabo e ADSL.

O Projeto Opera reforça a atitude positiva do Regulador Americano de Telecomunicações – FCC[6], que considera as tecnologias Powerline um catalizador importante para ampliação do acesso à banda larga. Esse projeto se desenvolverá sobre duas fases, em quatro anos. A primeira, de dois anos de planificação, dispõe de um *budget* de vinte milhões de euros e teve início em janeiro de 2004. Os membros do comitê de pilotagem reuniram-se em Mannheim, na Power PLUS Communications AG, para formar grupos de trabalho, sobretudo, grupos de pesquisa e desenvolvimento, com o intuito de uniformizar o posicionamento sobre o mercado e perspectivas comerciais. Os membros do consórcio vêem essa cooperação como uma forma importante de reforçar a posição da Powerline no mercado europeu de telecomunicações de banda larga. Para a FCC, as vantagens associadas à internet banda larga, via linha de alimentação elétrica, não deverão ter efeitos negativos com relação a possíveis interferências. A perspectiva das tecnologias Powerline foi compreendida pela comissão como a mais interessante em torno dos projetos WI-FI, DSL ou satélite, por permitir atender até 90% dos consumidores na Europa.

3.3.2. A tecnologia WiMAX

No que se refere às tecnologias para redes sem fio, a Worldwide Interoperability for Microwave – WiMAX encontra-se em grande expansão. As tecnologias sem fio permitem beneficiar uma conexão em banda larga,

---

6. Disponível em: <http://www.fccv.gov>.

podendo atingir até 70 mbp/s, num raio de até 50 km. O fórum WiMAX foi o responsável por criar as condições otimais para adoção dessa norma de saída de um grupo norte-americano IEE.16. Mesmo havendo críticas sobre as possibilidades reais dessa tecnologia, ela é considerada por utilizadores como muito atrativa, por permitir ligações ponto a multiponto sobre distâncias consideráveis, em zona rural e em zona urbana.

A tecnologia WiMAX está permitindo cobrir zonas mal servidas pela ADSL ou cabo para acesso em banda larga, tendo a perspectiva de um papel importante no arranjo digital sobre certos territórios. A versão 802.16, recentemente finalizada, deverá ser integrada em, no máximo, 2007 ao telefone, exercendo forte influência no lançamento da quarta geração de tecnologias móveis.

3.3.3. Características técnicas do WiMAX

A transferência de dados via rádio, chamada de WiMAX, foi normalizada pela União Européia, em janeiro de 2003, pelo Institute of Electrical and Electronics Engineers, para utilização em banda de freqüência de 2 GHz a 11 GHz. O fórum WiMAX, acima referido, coordenado pela INTEL e AIRSPAN, acompanhou o desenvolvimento das condições de interoperabilidade dos equipamentos baseados no padrão americano IEE 802.16 idêntico à norma européia Hipeman de European Telecommunications Standards Institute – l'ETSI. A WiMAX é capaz de cobrir zonas amplas, uma vez que pode atingir 70 bit/s para transmissões de 5 km a 10 km com obstáculos, e de 40 km a 50 km, no caso de ligações com linha. A perspectiva, em curto prazo, é a de desenvolver a possibilidade de acesso sem corte de conexão (*handover*) entre diferentes zonas de cobertura.

Três bandas de freqüência WiMAX deverão permitir o acesso a serviços nômades ou sem fio: a banda de 2,5 GHz, na América do Norte e do Sul, a banda de 3,5 GHz, na Europa, na Ásia, na África e na América do Sul, e a banda 5,8 GHz, isenta de licença nos Estados Unidos.

4. Características dos principais projetos europeus

Nos diversos Estados-membros, são tomadas medidas de incentivo ao desenvolvimento de projetos. São organizadas chamadas públicas em torno de objetivos estratégicos, tendo como noção central a de *people first*, isto é, desenvolver tecnologias e produtos que levam em conta o homem. Para cada objetivo estratégico delineado, pontos de focalização são identificados, tomando como parâmetro as condições financeiras e as políticas dos Estados-membros. As políticas são desenvolvidas por meio dos principais instrumentos relacionados a seguir.

4.1. Projetos integrados

São projetos de grande envergadura, com aplicação de recursos oriundos de consórcios públicos/privados, em torno de objetivos claramente definidos nas parcerias, em termos de conhecimento científico e tecnológico, produtos e serviços. São desenvolvidos sobre uma base de planos de financiamento global, implicando uma forte mobilização de fundos públicos e privados assim como outros esquemas de colaboração. Os projetos integrados devem observar os objetivos estratégicos e possuir características pluridisciplinares, reunindo a massa crítica de empresas, autoridades públicas, laboratórios universitários de pesquisa, organismos encarregados de normalização e centros de transferência de tecnologia. Devem demonstrar resultados esperados precisos. O objetivo é integrar a cadeia de valores, combinando diversos parceiros e diversas fontes de financiamento. Esses projetos devem priorizar tecnologias e aplicações inovadoras no conjunto da cadeia de inovação.

4.2. Criação de redes de excelência *networks of excellence*

As redes de excelência têm como objetivo estimular a excelência européia pela integração durável de capacidades de pesquisa existentes na Europa, no âmbito das universidades, dos centros de pesquisa e da indústria. Pretendem aglutinar massa crítica competente sob a forma de centros virtuais de excelência. Essa integração se dará pela via do desenvolvimento de programas e atividades comuns definidos em função de temas e objetos de pesquisa precisos, sem, contudo, objetivar resultados esperados em curto prazo. A criação das redes de excelência servirá para integrar as comunidades de pesquisas futuristas na Europa e no mundo bem como para acumular novos conhecimentos em todos os domínios estratégicos; servirá para agregar a pesquisa européia, evitar redundâncias e criar massa crítica suficiente a fim de atingir os objetivos do desenvolvimento científico e tecnológico.

4.3. Projetos de pesquisa específicos "STREPs"

Os projetos de pesquisa específicos e outras medidas de acompanhamento devem apoiar domínios secundários emergentes e propor experiências-piloto em grande escala entre empresas e autoridades públicas. Os trabalhos devem se apoiar sobre atividades dos Estados-membros e dos estados associados. Eles podem, igualmente, apoiar atividades dos Estados-membros em atividades anteriores que implicam a participação de países como Estados Unidos, Japão, Brasil e México, no domínio da organização de ações que visam a criação de redes e que comportem transferência de tecnologias para pequenas empresas. Em direção aos países do Mediterrâneo, a prioridade é a Rússia, Oeste dos Balcãs e América Latina. Os STREPs permitem, também, apoiar a pesquisa sobre novas idéias de alto risco, como a pesquisa sobre embriões, a validação de conceitos científicos, assim como pesquisa de alta qualidade de natureza fundamental e a longo prazo.

5. A Televisão digital interativa na agenda *eEuropa*

A Europa conta atualmente com mais de 32 milhões de receptores digitais em serviço, dos quais, cerca de 25 milhões, pelo menos, são dotados de capacidade de interação (Rapport, 2004, p. 541-final).

Desde o ano 2000 que a questão da televisão digital interativa ocupa espaço importante nos debates da agenda *eEuropa*. Considerado mercado emergente por alguns dos Estados-membros, e mercado em gestação, para outros, o seguimento da TV digital (*numérique*) e as aplicações interativas promovem ainda grandes debates. Os números sobre o mercado ITV justificam os investimentos realizados e as projeções para 2005-2010.

A ITV no mundo	Volume de negócios na Europa
Em 2000: 100 milhões de utilizadores	Fim 2001: + de 230 milhões de euros
Em 2005: + de 240 milhões de utilizadores	Em 2005: + 5 bilhões de euros

Quadro 1 – Volume de negócios da ITV no mundo

Um dos primeiros países da UE a depositar, junto ao Conselho Superior de Audiovisual – CSA, demandas de canais relativas à televisão digital terrestre (TNT) foi a França. Mas, para além das questões e dos posicionamentos de cada Estado-membro, o posicionamento quanto a investimentos em tecnologia e padrões de transmissão oscilou entre a escolha do padrão terrestre ou do hertziano. Segundo os relatórios de *experts* disponíveis no conselho, naquele momento, a definição sobre a busca de modelo-padrão (padronização) é o momento-chave.

Desde o início dos debates sobre esse mercado, alguns fornecedores de plataformas de televisão digital, não sem dificuldades, colocaram-se de acordo sobre a necessidade urgente de padrões bem-definidos e um mecanismo único para difusão de dados. Apoiou-se, inicialmente, no DSM-CC Object Carousel, que permite a distribuição de programas de TV e aplicações interativas através dos sistemas terrestres e de satélite.

Há ainda alguns problemas a resolver no que se refere a um consenso sobre a linguagem de aplicação comum. Entre os principais fornecedores, estão: Canal + Technologies, OpenTV, LiberateTV, Microsoft TV. O maior problema encontrado em relação aos padrões é uma gama de soluções proprietárias concernentes, principalmente, aos que desenvolvem soluções para serviços. Eles são, muitas vezes, obrigados a programar versões de suas aplicações adaptáveis às tecnologias escolhidas pelos canais que desejam realizar em negócios.

Os atores	As soluções	Zonas de forte penetração
Canal + Technologies	Mediahighway Interactive TV (API)	Europa, Ásia
OpenTV	O-Code (langage proche du C)	Europa
LiberateTV	TV Navigator (API)	América do Norte
Microsoft TV	Microsoft TV	América do Norte

Quadro 2 – Os atores do mercado

A busca por modelos padrões para ITV levou à formação de uma comissão européia para realização de uma consulta pública sobre a questão da interoperabilidade. A pretensão era determinar a interoperabilidade entre os equipamentos e os Estados-membros que permitisse a livre escolha dos consumidores em matéria de serviços interativos. Para isso, a comissão discutiu com os diversos atores envolvidos sobre a necessidade de normas obrigatórias em âmbito europeu. Nesse processo, muitos entraves foram levados em conta, entre os quais a possibilidade da fabricação de decodificadores interoperantes a partir de diferentes marcas proprietárias, o elevado custo desses sistemas, bem como a ausência de normalização de sistemas interativos adaptáveis aos sistemas integrados e às evoluções decididas pelas plataformas proprietárias.

Do ponto de vista da comissão, a utilização de normas fechadas pelos proprietários de plataformas coloca os produtores de serviços na dependência do controle de especificações técnicas, entravando ou retardando abusivamente o acesso. A France Télévisions sustenta a primeira opção política definida pela comissão, visando a obrigatoriedade de utilização de normas abertas. Conformemente às diretivas da comissão, cada Estado-membro deverá ter uma data-base para a passagem do nível analógico ao digital. É importante também que a TV digital interativa na Europa utilize unicamente normas de interatividade abertas, isto é, padronizadas por um organismo europeu reconhecido, no que concerne à normalização, como o Institut Européen des Normes de Télécommunication – ETSI, o Centre d'Étude et d'Observation de la Cité Numérique – CEN ou o Comité Européen de Normalisation Électrotechniques Générales – CENELEC.

Essa comissão recomenda, ainda, sem obrigatoriedade, que a norma MHP seja utilizada por todos os mercados ainda inexplorados de plataformas de TV digital interativa. Os radiodifusores que proponham serviços digitais deverão ser obrigados a indicar a forma sobre a qual a informação ligada ao programa será difundida, de maneira a permitir que os fabricantes de aparelhos receptores, destinados ao mercado aberto, possam introduzir mecanismos necessários para o fornecimento de guia de programas. Enfim, um controle estrito é necessário para evitar a emergência de novos sistemas proprietários, sobretudo, na gestão de direitos digitais. A utilização de normas abertas facilitará a coexistência de normas diferentes e o desenvolvimento da interoperabilidade, além de incentivar a inovação de diferentes sistemas (a melhoria dos sistemas não será mais confinada à iniciativa de plataformas proprietárias). A comissão considera que, após diversas pesquisas de perspectivas, a utilização de normas abertas levará ao desenvolvimento da concorrência entre plataformas, entre editores de serviços e também na indústria de produção. A baixa do custo dos decodificadores e a criação de serviços mais diversificados e de bom desempenho facilitarão a migração analógico-digital. Reforçarão o pluralismo das mídias e diminuirão os obstáculos referentes à circulação da informação, dando aos consumidores um leque mais amplo de opções.

A obrigatoriedade da utilização de normas de interatividade abertas deverá se aplicar a todos os suportes de difusão: cabo, satélite, *hertzienne* etc. Mas deverá levar em conta a diversidade de situações na Europa, principalmente as plataformas digitais mais antigas que funcionam com normas proprietárias e para as quais os custos da migração de uma nova norma de interatividade implicarão importantes conseqüências financeiras. Essa abertura para normas de interatividade, após as datas acordadas, e o encorajamento de utilizar as normas MHP para as novas plataformas oferecem uma solução alternativa para a implementação da interoperabilidade que deverá permitir aos consumidores a escolha de qualidade e o preço dos serviços propostos pelos fornecedores de serviço e construtores de decodificadores. Entretanto o mercado ainda tem muita resistência a uma regulamentação que obrigue a utilização de uma norma única.

5.1. A divergência sobre padrões unificados

Um estudo desenvolvido pelos Estados-membros da União Européia sobre os cenários possíveis de migração das plataformas avaliou os principais fornecedores de tecnologias interativas e o mercado para as redes a cabo, satélite e terrestre. O estudo aporta uma visão global do mercado para a televisão digital interativa, sua evolução a curto termo e estratégias em andamento. Diferentes tipos de atores participaram da consulta, principalmente os fabricantes, os exploradores de redes, os radiodifusores, os fornecedores API, assim como a associação de consumidores. No total, 55 entidades enviaram cerca de 350 páginas contendo pontos de vista específicos, testemunhando a importância do debate sobre a questão. As respostas foram subdivididas em dois grupos principais: os defensores e os adversários da criação de normas.

Os defensores da produção de APIs pautadas em normas abertas, notadamente da norma MHP, estimam que a interoperabilidade ainda não foi realizada. O mercado ainda está muito fragmentado, não permitindo ao consumidor maximizar as possibilidades de escolha, em termos de serviço e de equipamentos. O mercado com esse perfil não permite que os consumidores tirem vantagens ligadas à existência de uma norma única. Consideram pouco provável que as forças de mercado operem sozinhas as condições de interoperabilidade sem intervenção dos poderes públicos. Ao decidirem pelas normas abertas, os poderes públicos aumentam as possibilidades de escolha de ofertas dos consumidores e reforçam a segurança jurídica, o que faz, naturalmente, baixar o preço dos receptores e acelerar a passagem da TV analógica para a digital. Se os radiodifusores não estivessem confrontados aos obstáculos das APIs proprietárias, a circulação de informações, dentro da perspectiva do pluralismo, encontrar-se-ia num patamar bastante avançado. A inovação em matéria de serviços, segundo a comissão européia, não poderá depender dos detentores de APIs proprietárias. Os operadores de alguns seguimentos do mercado estimam que, se os Estados-membros impõem a utilização de uma API única para o território europeu, outros seguimentos defendem que deverão existir APIs com normas abertas para o conjunto da União Européia. Entretanto, a questão da imposição de normas abertas não deverá ser limitada à TV terrestre de acesso livre, uma vez que isso não resolverá o problema das APIs proprietárias nos setores de cabo e satélite. As observações gerais formuladas pelos defensores da produção de APIs, pautadas em normas abertas, sublinham a contribuição da televisão interativa para melhorar ainda mais a importância social da TV, na qualidade de vida da sociedade, e para a realização das agendas do projeto sociedade da informação. Mas, infelizmente, essa é uma posição defendida somente pelos radiodifusores de TV aberta dos Estados-membros, em que a TV digital ainda é pouco desenvolvida, sendo, tão-somente, um grande fabricante de equipamentos.

Os defensores da imposição de normas abertas entendem que a questão da interoperabilidade é já depassada, isso já está acontecendo. A concepção de interoperabilidade desses grupos se diferencia porque, no seu entender, ela está ligada ao fato de os consumidores poderem ter acesso aos mesmos serviços interativos a partir de plataformas diferentes.

Os equipamentos de ponta, na rede tecnológica, permitem transmitir conteúdos entre diferentes sistemas API. Certos sistemas de criação de conteúdo são capazes de gerar aplicações compatíveis com várias APIs (*multiple authoring*) ou pelo sistema Portable Content Format – PCF proposto. Para esse grupo de atores, a interoperabilidade é influenciada pela demanda do mercado. A existência de uma demanda implica aplicações interativas propostas por diferentes plataformas, como no caso dos jogos de azar e previsões meteorológicas. Um receptor universal tem pouca chance de ser comercializado. De uma parte, em função dos custos, e de outra, porque ele será inútil em função da possibilidade de radiodifusão simultânea em redes diferentes. Entretanto, o grupo reconhece que não existe obstáculo técnico ao seu desenvolvimento em função do dinamismo do mercado ITV no território europeu.

No contexto da regulamentação, conforme as diretivas do quadro (2002/21/CE) do parlamento europeu e do conselho formado para esse fim, um documento de trabalho com avaliações foi publicado em 2004, sob a referência L'analyse de l'évaluation d'impact Approfondie – EIA publiée sous la référence SEC (2004) 1028, na tentativa de avaliar a necessidade de determinar a obrigatoriedade de uma ou de diversas normas, tendo em vista as percepções diversas dos atores de mercado sobre a questão da interoperabilidade. As respostas oriundas das consultas públicas formaram um quadro de contrastes que a comissão indica que é preciso realizar, não só um «estado-da-arte», mas reexaminar a questão em 2005, o que já está sendo realizado. Nesse intervalo, diversas medidas estão sendo propostas para promover o desenvolvimento dos serviços digitais interativos, utilizando a norma MHP, que é atualmente a única norma aberta adotada pela União Européia para a produção de APIs (intefaces de aplicação). Entre as medidas adotadas, está a criação de grupo de trabalho com membros de diversos Estados-membros, objetivando pensar subvenções adequadas para produção e consumo de equipamentos de recepção de televisão digital interativa bem como realizar um controle ao acesso de tecnologias proprietárias.

Capítulo 2

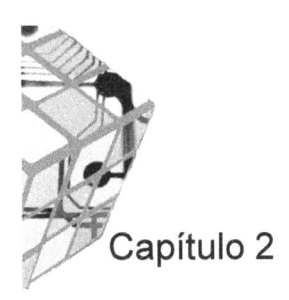

APLICAÇÕES EM TELEVISÃO DIGITAL INTERATIVA: NOVAS ECOLOGIAS COGNITIVAS

1. A Ergonomia cognitiva nas ações *eEuropa*

A intensificação e o alargamento das colaborações interdisciplinares, no contexto das ações *eEuropa*, intensificam as pesquisas sobre a ergonomia cognitiva, tendo em vista a gama de possibilidades de produção de conteúdos para veiculação via tecnologias da informação e comunicação. No final da década de 1990, as principais parcerias para o desenvolvimento de pesquisa nesse domínio começam a se intensificar. Os processos cognitivos animal, natural e artificial são aproximados no sentido de promover o encontro entre as Ciências Humanas e Sociais, a Neurociência, a Ciência da Informação e Comunicação para desenvolver estudos sobre o homem e a sociedade.

Em 1999, O Ministério da Educação Nacional de Pesquisa e Tecnologia francês lança o programa Cognitique, como uma ação de pesquisa básica e fundamental aberta a aplicações. Ela se situa dentro de uma dinâmica de renovação de problemáticas e da emergência de novas equipes científicas. Destina-se a favorecer colaborações entre as ciências humanas e sociais, a neurociência, a informática, a matemática e a engenharia, no sentido de dar visibilidade aos estudos no domínio da cognição, fazendo emergirem projetos interdisciplinares. A vocação do programa não era a de cobrir todos os estudos no domínio da cognição, mas impulsionar pesquisas sobre temáticas novas situadas no *carrefour* de várias disciplinas. A capacidade de tecer sinergias entre diferentes disciplinas no setor de tecnologias é um dos objetivos maiores, assim como criar redes de pesquisa e inovação.

O programa acordará importância particular a temas inovadores e iniciativas que emanem de jovens pesquisadores e grupos de pesquisa emergentes, encorajando também:

- Projetos que impliquem parcerias entre ciências humanas e sociais e, pelo menos, dois outros setores disciplinares;

- Projetos-piloto no domínio das ciências humanas e que precisam de ajuda para encontrar parceiros em, pelo menos, dois setores disciplinares diferentes;

- Encontros que favoreçam trocas entre as ciências humanas e sociais no domínio da cognição – seminários, colóquios, escolas de verão etc.

Os temas iniciais que receberam mais apoio foram:

a) "Arte e cognição":

– criação, interpretação, recepção;

– intermodalidades: interações entre visão, audição e *kinestesie*;

– arte e patologia: diagnóstico e terapia, arte e déficites sensório-motores;

– emoção estética.

b) "Novas tecnologias e cognição":

– concepção, inovação e usos;

– bancos de dados e os aspectos cognitivos de sua criação;

– realidade virtual;

– aplicações pedagógicas de sistemas de informação e comunicação.

c) "Crenças e cognição":

– dinâmica e manipulação de crenças;

– cognição distribuída, coordenação e consciência coletiva;

– crenças individuais e coletivas, aprendizagem individual e coletiva;

– crenças e intencionalidade.

d) "Linguagem e cognição":

– os projetos sobre imagens mentais terão prioridade, sobretudo se recorrerem a simulações em computador, que envolvam modelizações cognitivas das potencialidades das novas tecnologias e a linguagem dos utilizadores;

- o impacto cognitivo da diversidade lingüística;

- modelização de operações lingüísticas e os processos cognitivos: conversação, argumentação, geração e compreensão de textos, plurilingüismo, tradução e interpretação, e aprendizagem de línguas;

- cognição no tratamento automático das línguas: possibilidade de implementação informática integrada numa arquitetura;

- diferentes modelos de tratamento fonológico, sintático, pragmático, interativo;

- a palavra e o sentido do gesto: a língua dos signos;

- sistemas de escrita;

- multimodalidade da linguagem;

- articulação entre conhecimento lingüístico e extralingüístico no tratamento da linguagem;

- sistemas simbólicos lingüísticos e não lingüísticos, e tratamentos cognitivos comparados;

- processos de categorização e abstração da linguagem e suas conseqüências na inteligência artificial.

e) Outros temas:

- temas sobre o campo da cognição resguardada: a formação de equipes interdisciplinares.

1.1. A ergonomia de interfaces: um visto de entrada no país da cognição

Os programas acima listados trazem um novo panorama nas pesquisas sobre ergonomia e cognição. O esforço dos programas interdisciplinares de pesquisa e inovação nos domínios da hipermídia fundamentam novos olhares para implementar a chamada sociedade cognitiva.

A Ergonomia Cognitiva – EC como um campo novo de estudos e pesquisas, preocupa-se com o processo da aprendizagem humana e seus aspectos cognitivos, sobretudo no campo de aplicações das TICs. Esse campo interdisciplinar, relativamente autônomo, busca fundamentos teórico-metodológicos na psicologia cognitiva, na lógica, na informática, na lingüística, na inteligência artificial, na sociologia e em outros domínios das ciências humanas. É considerada uma disciplina tipicamente integrativa, que coloca em interação diferentes campos teóricos e metodológicos das diversas ciências para lhes confrontar com a realidade do mundo do trabalho e das tecnologias de ponta. Os progressos mais recentes de seu campo de estudo permitem validar teorias cognitivas, abrindo novos campos de compreensão que irrigam novas possibilidades de pesquisa em torno da aprendizagem humana. Por exemplo, a modelização cognitiva de comportamentos cooperativos, o domínio cognitivo dos riscos, a criação inovadora em concepção e a memória coletiva são domínios novos e importantes para o estágio de desenvolvimento científico e tecnológico.

A história da EC na Europa mostra que, a partir de 1982, grandes mudanças são assinaladas no que concerne às preocupações homem/máquina. Uma comunidade interdisciplinar de pesquisadores foi se formando em torno desse tema que, até essa data, tinha suas preocupações voltadas essencialmente para modelos centrados na máquina, implicando seus utilizadores individuais. A pesquisa era voltada para o aparecimento sucessivo de novas tecnologias. A produção científica da década de 1980 é fortemente voltada para a psicologia da programação em detrimento das teorias de concepção. Nesse ínterim, o paradigma de referência era o do ser humano isolado, que interage com uma máquina isolada.

A primeira conferência européia sobre EC data de 1982, em Amsterdan, mais tarde, em 1984, em Gmunden, ainda com a expressão Mind and Computers. Em 1985, em Stuttgart, inicia-se a série de conferências sobre a questão European Conference on Cognitive Ergonomics. Nesse evento, é fundada a European Association of Cognitive Ergonomics – EACE. A terceira conferência foi realizada em Paris, em 1986, e consolidam-se grupos de estudos e pesquisas em EC e relações homem/computador. Em quase vinte anos de conferências, apesar das mudanças nos últimos cinco anos, os sumários mostram que a tradição dos estudos sobre utilização do computador, softwares, interfaces, métodos de avaliação e de concepção de sistemas informatizados é preponderante. Os primeiros livros publicados, a partir das primeiras conferências, atestam ainda a preponderância dessa tendência: *The psychology of computer use* (Green, Payne e Van der Veer, 1983), *Readings in cognitive ergonomics: mind and computers* (Van der Veer, Tauber, Green e Gorny, 1984), *Cognitive ergonomics: understanding, learning, and designing human-computer interaction* (Falzon, 1990).

Conferências paralelas sobre temas específicos têm permitido aproximar defensores da ergonomia tradicional de pesquisadores sobre a cognição individual e coletiva do trabalho. A possibilidade de ampliar grupos de pesquisas interdisciplinares, por meio de chamadas a projetos, tem sido uma forma de quebrar barreiras e aproximar estudiosos e pesquisadores interessados na ampliação da discussão sobre os aportes centrados no homem. As análises que supõem o homem como simples utilizador do computador, sem considerar possibilidades mais amplas para além dessa utilização, começam a ser questionadas.

Atualmente, é possível constatar que a tendência das pesquisas em EC é a de ampliar o diálogo entre as teorias das ciências da vida e as ciências sociais no contexto do desenvolvimento das ciências cognitivas. A análise do trabalho humano, em seus contextos reais e complexos, toma grande parte das preocupações e, no que diz respeito às pesquisas, os problemas do trabalho individual e do coletivo são tratados com ênfase muito maior sobre o homem que sobre a máquina.

Essa evolução não é somente perceptível na Europa. Nos Estados Unidos e Canadá, já é possível verificar que, em revistas importantes como *Human Factors*, reputadas no passado por publicarem trabalhos experimentais, passam a veicular importantes publicações interdisciplinares sobre a questão, envolvendo a ênfase centrada no homem. Dito de outra forma, o termo «utilizador» está progressivamente sendo trocado pelo termo «operador». O trabalhador não é mais concebido como um simples utilizador do sistema informatizado; seu trabalho vai além de utilizar, por exemplo, um sistema de tratamento de texto: ele planifica, concebe e compõe textos. Essa atividade implica a geração de idéias, a qual não é restrita à produção do texto em sua língua. Esse é um momento de tensão entre os modelos formais centrados na máquina e os modelos centrados no homem, concernentes à evolução do trabalho. Nesse momento, a EC está sendo chamada a tratar, do ponto de vista teórico-conceitual, a avaliação dos Sistemas Homem/Máquina – SHM, tanto do ponto de vista externo (da melhoria das condições de trabalho) quanto do interno (sua eficácia sócio-técnico-econômica).

Muitos estudos enfatizam a simples automatização de rotinas de trabalho em detrimento dos problemas econômicos e de uso. Ainda é comum verificar a ênfase dada à extração e modelização de conhecimento de *experts* para diminuir a necessidade de operadores humanos em muitos domínios. Embora haja avanços significativos, a EC é ainda fortemente influenciada pelo modelo tradicional, uma vez que o tratamento da informação para automatizar habilidades motoras detém uma demanda potencial forte. Os estudos sobre a ergonomia cognitiva avançam, e seu conceito se amplia. A ênfase inicial dada à relação e interação homem/máquina (adaptação do utilizador ao sistema) avança para o entendimento de que a EC é uma disciplina que visa a adaptação de um sistema ao seu utilizador, a fim de que o mesmo possa desenvolver atividades com o máximo de eficácia, satisfação e bem-estar, com uma fase de adaptação reduzida[7]. Assim, algumas questões ainda carecem de respostas mais amplas: É possível pensar sistemas homem/máquina "inteligentes" sem pensar a cooperação homem/máquina?

Schmidt (1991) considera que a informatização de situações de trabalho as torna mais complexas no que diz respeito às relações entre as unidades e a gestão desse processo. Essa complexidade cria uma necessidade crescente de cooperação entre os seres humanos. Nesse contexto, duas formas de cooperação são consideradas: a passiva e a ativa (distribuída ou coletiva). A cooperação é passiva quando vários agentes podem contribuir com um objetivo comum, sem desenvolver nenhuma atividade cooperativa. Esse tipo é comumente utilizado nos trabalhos voltados à inteligência artificial distribuída, pautados em aportes estruturalistas, em que a integração de atividades individuais a uma atividade coletiva é prevista na etapa de concepção.

1.2. Interface: janela aberta à cognição

Tricot (2002) concebe a interface como uma forma de apresentação de conteúdos que são diretamente perceptíveis e tratados pelo utilizador. Ela é, em parte, a implementação de decisões tomadas em níveis precedentes, no que concerne à ergonomia de construção de um software. Por outro lado, ela integra um conjunto de dados e modalidades de apresentação desses dados, de sorte que a percepção, a compreensão e a ação dos utilizadores sejam bem arquitetadas.

A forma final é considerada um nível importante e, muitas vezes, supervalorizado, mas é preciso lembrar que há etapas anteriores mais importantes e que podem definir as limitações da competência de um dado engenheiro de sistemas, aqui compreendido como um especialista em ergonomia ou especialista em usabilidade. Na realidade, em concepção, cada nível n deverá estar bem articulado ao nível $n-1$, isto é, a interface deve estar a serviço dos cenários de navegação, que está a serviço do cenário didático, que está a serviço dos conteúdos, que deverão estar a serviço da possibilidade de construção do conhecimento pelos utilizadores ou usuários. Entretanto, nem sempre a melhoria de uma interface, ou seja, a via de usabilidade de uma aplicação, garante o sucesso dos níveis anteriores nem a utilidade da aplicação ou de possibilidade de aprendizagem. Assim, o objetivo maior da ergonomia e da engenharia cognitiva deve ser o de

---

7. Disponível em: <http://fr.wikipedia.org/wiki/Ergonomie >.

estudar metodologias de utilização, a partir do horizonte da aprendizagem de conteúdos, e não, da simples circulação de informações.

Os estudos sobre interface, na Europa, avançaram muito na perspectiva teórica. A interface é considerada como uma janela aberta à cognição, permitindo uma real interação entre o campo dos saberes coletivos. A interface, como uma ferramenta de interação entre o utilizador e a informação, deverá se constituir em um filtro, cujas malhas devem ser ajustáveis para eliminar o ruído gerado pela subordinação à informação. Na realidade, sua função não é outra que oferecer os signos interpretáveis pelo utilizador. A utilização de metalinguagens deverá permitir a estruturação da informação, independente da língua utilizada. Os *designs* das interfaces deverão permitir a manipulação da informação por meio das metalinguagens, consistindo em duas partes: *design* de interação e *design* de informação. As discussões nas redes interdisciplinares apontam para a constatação de duas formas possíveis de interfaces para *web*, que poderão ser aplicadas à ITV ou outro suporte.

A *web* semântica já é hoje considerada como uma versão ou modelo formalista e estruturado que se apóia num modelo analítico da informação. Seu maior desafio no momento é entrar numa ontologia universal com o conjunto de conhecimentos e possibilidades possíveis. Muitas questões se colocam hoje sobre a adequabilidade da *web* semântica diante dos desafios das propriedades subjetivas e instáveis da linguagem e da heterogeneidade das fontes de informação. Segundo alguns estudiosos, é utópica toda tentativa de normalização e integração global do conhecimento.

Dentro do quadro de pesquisa mundial, vários projetos europeus e norte-americanos, por exemplo, www.backpackit.com, www.37signals.com, www.fredcavazza.net, www.olats.org, www.media.mit.edu, web.media.mit.edu/~ishii, apóiam-se num paradigma sistêmico e contextualizado da informação. Dessa perspectiva, a interface fluida (interface *flue*) não se interessa pela informação em si mesma, mas pelas informações interativas que podem surgir entre utilizadores e informações. Como ter acesso a uma informação pertinente uma vez que, nos milhões de páginas *web*, podem estar as respostas? A noção de interface fluida, que se adapte à informação em função das necessidades dos utilizadores, parece ser o caminho. Os conceitos de **interface fluida**, **inteligência ampliada** e **interfaces de sentido** aparecem no círculo dos debates.

Uma rede internacional de pesquisa desenvolve experiências sobre um modelo futuro das interfaces, adaptado às necessidades dos utilizadores. Uma zona de informações e pólos de análise está sendo criada para publicações em linha sobre esse novo domínio de conhecimento. Na Europa, o www.olats.org é um *site* dedicado à publicações em francês sobre a relação das tecnociências e suas implicações de análises, aglutinando cientistas, engenheiros, atores culturais e interessados em geral. Outro projeto interessante em desenvolvimento é o CogviSys (computador que descreve o que vê), que consiste em desenvolver um *commentateur virtuel* capaz de traduzir uma informação visual em descrição textual. É o domínio de pesquisa no setor da Visão Cognitiva, cujo objetivo é tratar as informações sensoriais (nesse caso, visuais), por meio das quais a tecnologia seja capaz de reconhecer, não somente texturas, objetos e movimentos, mas também as categorias de suas origens[8].

1.3. A Interface Fluida – IF como uma ferramenta para associação de idéias

Até o presente, a lógica de utilização da *web*, na maioria dos casos, segue uma lógica de sentido único. A experiência, nesse sentido, é a de oferecer uma percepção do mundo por meio da forma de elementos finitos e de conjuntos limitados de informação. Sobre essa característica finita dos conceitos, repousam as dificuldades de representação de fenômenos dinâmicos, em movimento, como a gênese das idéias no seio de um grupo de indivíduos. Logo que a representação dos conceitos é estática, como no caso de um documento impresso e também de uma página *web*, as oportunidades de interação entre os conceitos não são facilmente perceptíveis. Assim, se uma interface é capaz de explorar as propriedades dinâmicas das interações entre os utilizadores e a informação, ela se tornará, sem dúvida, uma ferramenta de associação de idéias. A interface se constituirá, então, numa interface fluida. Mas, será que as lógicas deterministas dos microprocessadores se tornarão um dia adaptáveis à natureza indeterminista do ser humano? Uma dose de indeterminação deverá subsistir em toda pesquisa que envolva o conhecimento.

A lógica que se aplica às informações não é, pois, forçosamente transponível ao conhecimento, isto é, à interpretação humana das informações. O acesso a uma informação finita, delimitada, concisa efetua-se naturalmente sobre o modelo de concisão. O acesso ao conhecimento não pode se operar de forma tão radical, principalmente quando se caracteriza por conceitos abertos, dinâmicos e em constante movimento. As interfaces fluidas vão permitir uma melhor manipulação desses conceitos. Elas não deverão levar as informações, elas mesmas, mas em direção aos contornos fluidos das múltiplas interações que nascem entre as informações e os utilizadores.

---

8. Disponível em: <http://www.cogvisys.aiks.uni-karlsruhe.de>.

Contrariamente às informações binárias tratadas pelos microprocessadores e caracterizadas por um número finito de octetos, os contornos do conhecimento humano não são ainda claramente delimitados, exigindo a reinvenção de uma lógica de acesso e utilização da informação. De um lado, os conceptores que constroem as interfaces; do outro, os utilizadores que acessam os *sites*. Ferramentas de autores, de uma parte, e as interfaces de utilizadores, de outra. É preciso dar aos utilizadores a possibilidade de produzir e difundir os próprios conteúdos, sem a necessidade de dominar nenhuma competência técnica particular. É esse eixo que as pesquisas sobre interfaces fluidas estão buscando.

1.4. Uma proposta pertinente para pensar as interfaces fluidas: o projeto RU3 – Les Réseaux Ouverts de l'Inteligence Colletive

Os objetivos de pesquisa do projeto RU3 são o de religar os conhecimentos dos utilizadores, pelas redes abertas, e conhecer os processos emergentes de inteligência coletiva dentro de redes de utilizadores. Os pesquisadores consideram que, dentro do processo de comunicação moderno, as trocas de informação entre as pessoas são fortemente facilitadas, mas cada vez mais difíceis de serem gerenciadas, porquanto aumentam o número de mensagens trocadas e o número de pessoas que estão em relação umas com as outras. Assim, não é suficiente ter acesso a grandes quantidades de informação, ou um grande número de pessoas para ter acesso a mais conhecimento. A gestão da supercarga de informação ou a falta de informação se constitui numa questão importante para a sobrevida da sociedade e das organizações, assim como dos indivíduos. Dessa forma, a criação de interfaces capazes de organizar, estruturar e hierarquizar informações onde os fluxos ou volumes sejam grandes e importantes se coloca como fundamental.

No contexto da sociedade de informação, o desejo de enviar mensagens a um número cada vez maior de pessoas está levando a um esforço de produzir mensagens simplificadas, normalizadas e destinadas a satisfazerem uma massa de indivíduos, mas a nenhum indivíduo em particular. A informação de massa é enviada sob uma forma a "pegar" ou "largar", e esta é só a alternativa possível. A informação é transmitida de forma linear e quantificável e, dessa forma, reducionista, uma vez que ela faz abstração do sentido e é reduzida ao conjunto de sinais que representa. A construção de interfaces tem sido influenciada pelos princípios da teoria matemática da informação e pela cibernética.

A chamada comunicação de massa ou comunicação descendente é

pautada no sistema de comunicação proposto por Claude Shannon (1948), em sua teoria matemática da informação, em que:

- Os problemas técnicos que concernem à exatidão da transferência da série de símbolos são vistos em função do tipo de canal, do tempo e do espaço, do emissor e do receptor;

- Os problemas semânticos concernem à identidade (ou aproximação suficientemente consistente), interpretação do receptor e à intenção do emissor. Preocupa-se em assegurar que as imagens, representações dos objetos, estejam o mais próximo possível das representações do emissor e do receptor;

- Os problemas de eficiência e eficácia são traduzidos pelo sucesso com que a significação é transportada ao receptor.

De maneira geral, é possível medir matematicamente a quantidade de informação; fazer uma aproximação desse processo com os princípios da termodinâmica; relacionar informação e entropia; afirmar que informar é lutar contra o caos e utilizar, no processo de comunicação, a probabilidade. Dito de outra forma, a informação pode ser improvável ou surpreendente.

Shannon define a informação como uma função crescente da redução e da incerteza que ela aporta. O sucesso de sua teoria foi proporcionado pela simplicidade do formalismo subjacente, que exclui totalmente o conteúdo e a estrutura da informação transmitida. É por isso que, no contexto atual, muitas críticas se colocam sobre o modelo, uma vez que é possível considerar que nenhuma rede construída, a partir do formalismo proposto na teoria da informação, pode produzir uma "rede inteligente".

Com a cibernética, a idéia evolui no seguinte sentido: a informação é transmitida de maneira circular, todo sistema tende em direção ao equilíbrio, e a informação é concebida em um sistema aberto, mas fechado por relações determinadas e previsíveis. A preocupação maior é a troca do quantitativo de informações entre pessoas ou sistemas, e não, os sentidos que elas veiculam. Esses princípios são muito utilizados em ferramentas interativas e inteligência artificial (Lecomte, 1996).

Esse paradigma suprime as distinções entre vivo e artificial, alma e corpo, espírito e máquina. A lógica da reflexão sobre a informação é indiferente à materialidade do suporte: não é o hardware que qualifica os fenômenos, mas a estrutura lógica dos eventos e dos comportamentos. Uma ontologia do **ser** (estado) e do **logos** (discurso) é fundada sobre a relação entre eles. O conteúdo não pode ser examinado senão em termos de *input* e *output*. A cibernética é, então, o estudo do comportamento que examina o sujeito ou objeto a partir do anglo da informação. Seus princípios fundamentais são: viver é comunicar ou trocar, e o real pode inteiro ser interpretado em termos de mensagens. Warren Wever, por meio do esquema abaixo, mostra um sistema de informação descrito a partir desse quadro teórico, em que a informação não concerne à semântica das mensagens veiculadas, isto é, quantificável e estatística. Veja-se abaixo o modelo do sistema de informação:

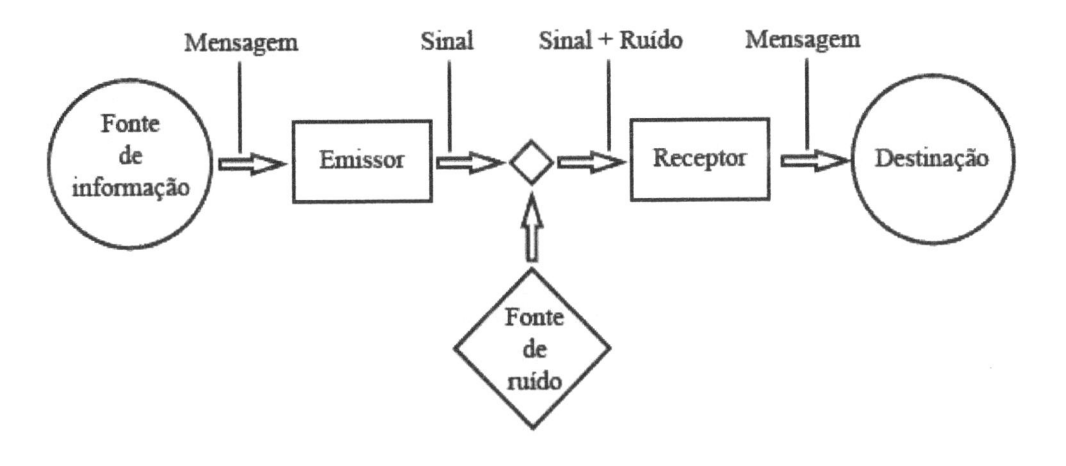

Figura 1 – Modelo de sistema de comunicação em interfaces fluidas

1.4.1. Perspectivas atuais

Os pesquisadores do RU3 consideram que, para construir redes capazes de suportar fluxos de informações inteligentes, é necessário, primeiramente, redefinir um quadro teórico sobre a teoria da informação. Dessa forma, propõem uma teoria menos restritiva e mais ambiciosa: do fluxo da informação aos fluxos da inteligência, integrando as ciências dos signos, ou seja, a semiologia, numa perspectiva do estudo da vida dos signos no seio da vida social. A tríade semiótica é um sistema de interpretação dos signos, proposta pelo americano Charles S. Peirce, que permite compreender o lugar da interpretação em relação ao objeto e ao signo que ele representa.

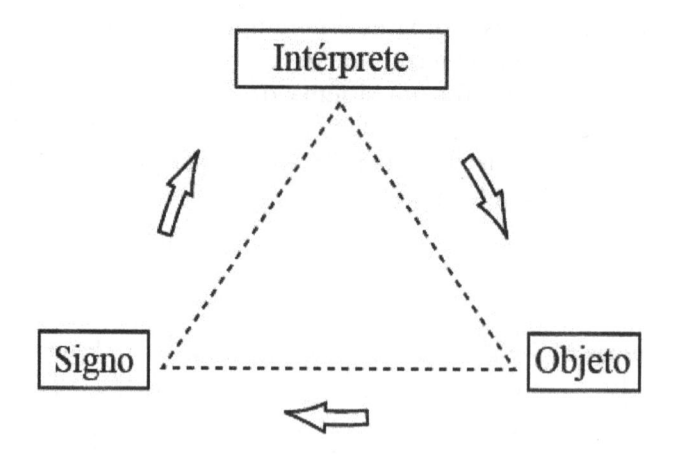

Figura 2 – Tríade semiótica proposta por Pierce

A necessidade de desenvolver novas linguagens, notadamente para aplicações em robótica, permitiu melhorar significativamente a compreensão dos mecanismos que fazem parte desse novo jogo. O círculo semiótico demonstra que toda representação não pode existir sem haver um espaço comum dividido entre o emissor e o intérprete.

O círculo a seguir foi proposto por Luc Steels, da Universidade Livre de Bruxelas – VUB AI Lab, em parceria com a Sony Computer Science, em Paris.

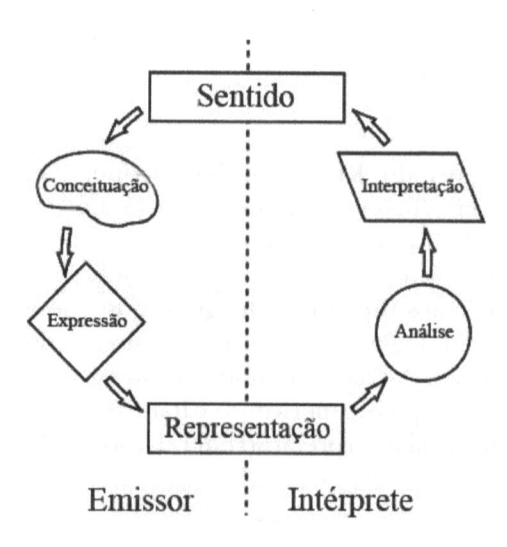

Figura 3 – O ciclo semiótico de Luc Steels

1.5. A comunicação bidirecional das redes abertas

O conceito de redes abertas traz implícita a busca pela inteligência conectada ou inteligência coletiva, entendida como uma hipótese relativa à capacidade de um grupo de agentes cognitivos (de natureza humana, animal ou artificial) para atingir uma ação performante de nível superior. Ela pode desencadear um processo cognitivo de aprendizagem, de representação, de decisão, mas também um processo social como a partilha, a troca, a negociação, a auto-organização ou, ainda, processos relacionais (ou de socialização), como o reconhecimento, a competição e a implicação.

A inteligência coletiva supõe o deslanchar de ações comuns entre atores. Isso pode ser determinado por um projeto ou somente por finalidades, isto é, um programa ou colisão de interesses determinados por uma crise ou outra circunstância. Segundo a natureza dos agentes, poderemos falar de inteligência coletiva natural (os insetos, por exemplo), artificial (sistemas multiagentes) ou, no caso mais complexo, a inteligência coletiva humana.

No caso da inteligência humana, o trabalho colaborativo é um "genótipo" de situações em que um coletivo de seres humanos visa chegar a um objetivo comum, associando os esforços de cada contribuinte. O termo trabalho coletivo cobre realidades bem diferentes, e várias tipologias podem ser propostas: trabalho em grupo, trabalho em comunidade, trabalho em rede etc.

Para se obter o nível de eficiência esperada, o paradigma dominante, nos últimos anos, é o da **norma organizacional** composta por princípios estratégicos, procedimentos e consignes determinados. As correntes do pensamento *knowledge management* ou *knowledge innovation* colocam em causa esse paradigma dado que interessam, *a priori*, a certos processos que permitem aproveitar idéias para conseguir objetivos materiais ou imateriais. Por exemplo, para atingir melhor desempenho no trabalho coletivo, é necessário o reconhecimento anterior da existência de interesses, ações e interações individuais, assim como representações individuais acerca de um tema ou problema. Outra via consiste em considerar que é necessário dotar uma entidade coletiva de capacidades análogas às capacidades naturais de um indivíduo cognitivo. Essa hipótese conduz a falar de um coletivo como suscetível de aprender, construir uma memória, desenvolver experiências, fazer escolhas, tomar decisões e agir, dotado de cognição individual.

Mesmo sendo possível colocar em evidência os aspectos relativos à cognição, muitas teses devem ser consideradas: a tese cognitivista que coloca como prioridade os modelos necessários ao tratamento das informações – as representações – assim como a tese da emergência que mostra que as imagens mentais são interpretadas em contexto e, ainda, a tese racionalista que entende que a interpretação do mundo está intimamente ligada a ações finalísticas ou pragmáticas.

A cognição e, menos ainda, a cognição coletiva, não podem ser reduzidas a uma estocagem simbólica de informações sob forma bruta (memória de estocagem) ou sob forma de representações. A cognição se funda a partir de um conjunto de ações, e é esse conjunto de ações que será preciso trabalhar na sua otimização: os dados relativos à situação são selecionados em função de uma intenção para se transformar em informação. Mas é a experiência dos atores e o contexto dessa experiência que permitirão fazer o conhecimento útil (que pode ser acionado). Isso vem explicar por que o uso das tecnologias da informação e comunicação abre, de forma tão importante, esse debate: o modelo anglo-saxão (informação orientada a um fim), que privilegia a instrumentalização do tratamento da informação. Isso significa dizer que a máquina revela, faz emergir o conhecimento (*knowledge discovery*), e o utilizador o racionaliza para atender aos fins pretendidos.

O modelo oriental faz inversão dos papéis e uma ruptura com a idéia de criação do conhecimento fora do contexto e das interações humanas. Postula a existência de um processo dinâmico que se concretiza por meio de uma plataforma em que os atores usam a linguagem comum a serviço de objetivos comunitários. As experiências e ações cognitivas humanas são ampliadas pelas tecnologias da informação e comunicação, que as otimizam e geram condições para a criação de "comunidades estratégicas de conhecimento", as quais transformam os conhecimentos individuais em saberes operacionais partilhados. Assim, a comunicação necessária à circulação da informação pode ser entendida como **tecnologias da interação**. Portanto, a concepção de plataformas virtuais para criar comunidades estratégicas de conhecimento está longe da perspectiva de padronização. Elas deverão considerar:

- As situações de interação (contextos, símbolos e signos, intenções, implicações);

- Os modelos fenomenológicos (corpos de conhecimento, sistema dinâmico complexo, universos multiagentes);

- Artefatos cognitivos (redes conceituais, semânticas, semióticas);

- Artefatos técnicos (interfaces adaptativas, espaços virtuais, cartas tópicas);

- Plataforma de integração (funções, tratamentos, objetos, agentes, bases, interfaces).

A construção da inteligência coletiva é entendida, então, como uma problemática científica aberta, em que diferentes modelos ou paradigmas devem ser combinados, cruzados: informática, ciência da informação, ciências cognitivas, ciências humanas e sociais. Isso significa que não é necessário se contentar em importar os conceitos de um domínio a outro, mas encontrar correspondências que permitam reconceituar continuamente problemáticas de pesquisa.

A compreensão sobre o acesso à inteligência coletiva é fundada sobre a implicação do utilizador da informação. Este, ao ter acesso a um conjunto de informações estruturadas, o faz a partir dos próprios critérios. A iniciativa retorna ao utilizador ou ao seu agente, isto é, ao programa capaz de efetuar buscas e análises no seu lugar. No esquema, a comunicação é, em primeiro plano, ascendente, pois os conteúdos da informação são colocados à disposição dos utilizadores ou agentes. A informação é publicada sob uma forma **aberta** e **editável**. Isso significa que todo utilizador pode ter livre acesso aos conteúdos, e a possibilidade de interferir diretamente neles.

A comunicação, nesse contexto, torna-se bidirecional, uma vez que os intervenientes utilizador e editor são percebidos imediatamente por outros utilizadores ou agentes. Até o momento, a experiência tem demonstrado que existem mais lógicas de acesso do que conteúdos publicados. A finalidade das redes abertas inteligentes é permitir a adaptação da diversidade de conteúdos à diversidade de interesses utilizadores. O esquema geral do ciclo de produção da inteligência coletiva permite-nos a visualização do processo.

Visualizando a figura 4 a partir do alto, podemos destacar as seguintes características:

- Conteúdos considerados como inteligentes são interpretados pelo utilizador;
- A informação é transformada em conhecimento pelo utilizador;
- Uma parte dos conhecimentos adquiridos é explorada e alimenta atos de expressão e produção de idéias;
- O utilizador entra em interação com as representações partilhadas pelo ato de modificar as representações existentes ou da produção de novos conteúdos na mídia partilhada;
- As novas idéias ou idéias modificadas são acessíveis pela representação da mídia partilhada.

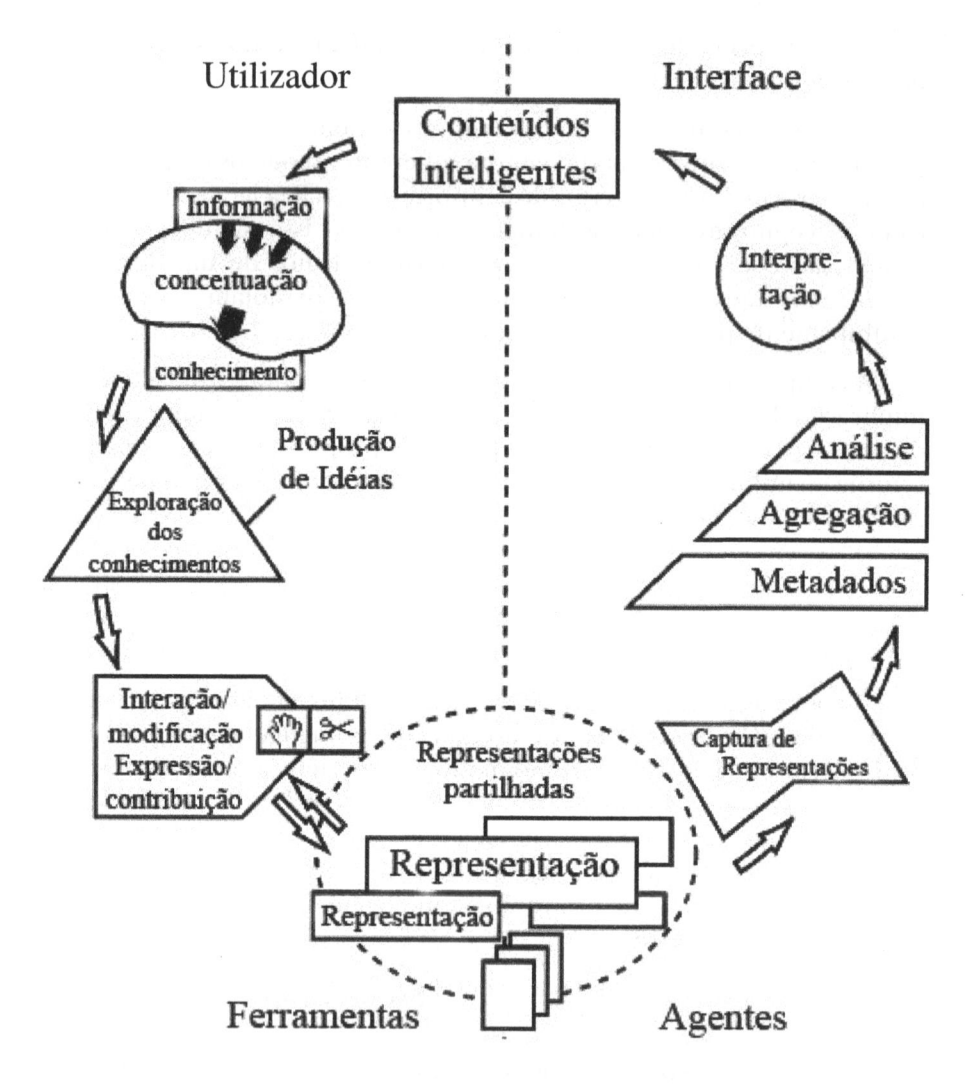

Figura 4 – O ciclo de inteligência coletiva nas redes abertas

Na parte inferior do ciclo, é possível visualizar:

- A captura das representações por um programa agente, segundo critérios definidos pelo utilizador;
- A agregação de meta de dados estruturados;
- A análise dos dados;
- A interpretação dos dados apresentados pela interface.

A compreensão atual é de que diferentes disciplinas devem contribuir com seus conceitos, métodos e ferramentas para construir uma visão mais bem estruturada da problemática, a fim de gerar ações concretas de desenvolvimento de protótipos e/ou projetos. Já é possível mapear, pelas publicações de *papers*, quatro concepções de inteligência coletiva que podem ser cruzadas, mas que se apóiam sobre diferentes engenharias cognitivas.

- Concepção comunicacional:
    - dispositivos sociotécnicos e figuras de atores;
    - construção de sentidos e de dinâmica do conhecimento.
- Concepção sócio-organizacional:
    - agenciamentos organizacionais;
    - impacto das políticas e ferramentas de gestão.
- Concepção da cognição social:
    - comunidades estratégicas de conhecimento;
    - corpos de conhecimentos dinâmicos e decisões coletivas.
- Concepção da inteligência coletiva:
    - processos de cooperação e negociação;
    - sistemas multiagentes.

O cruzamento dessas concepções já permite construir uma problemática importante de inteligência coletiva, no sentido de maximizar a contribuição das tecnologias da informação e comunicação na construção sócio-econômico-cultural:

- Engenharias de conhecimento;
- Engenharia de sistemas de informação;
- Engenharia de dados.

Esses domínios de trabalho, acima descritos como engenharias, são vistos como portadores de formas semióticas buscadas nas línguas naturais e formas gerais de escrita textual, gráfica, imagética, de filme etc., sem realizar a formalização dos significados expressos. Ao utilizar normas e padrões para interpretar as formas semióticas, as tecnologias da informação e comunicação mobilizam o cálculo numérico, não em busca de uma formalização da reflexão, mas de uma forma de transmissão das diversas memórias.

É importante assinalar que o sentido da representação é fundado na interpretação, enquanto desvelamento dos sentidos das coisas. A representação no contexto da informática é de uma outra natureza uma vez que é desprovida de intencionalidade. Efetivamente, as representações são objetos científicos dos coletivos em seus contextos de ação. As considerações sobre a forma de tratamento que essa informação vai originar não constituem o objetivo maior das pesquisas.

A inteligência artificial, no sentido estrito do termo, não normaliza e digitaliza o mundo ou o pensamento, mas somente o conhecimento. A representação dos conhecimentos exige a busca de uma linguagem de formalização, cujas operações interpretativas possam corresponder às reflexões realizadas. A inteligência artificial tem o propósito científico de realizar a modelização da cognição humana, mas se desenvolve em completa independência desta[9].

1.6. Modelos de interfaces adaptáveis à fase de inteligência das informações

Para capturar rapidamente os conteúdos colocados em dia, novas interfaces são necessárias. Os agregadores de conteúdos permitem visualizar, numa janela única, um conjunto de informações provenientes de várias fontes. Um agregador de conteúdos não contém nenhum conteúdo pré-elaborado. Os dados atualizados são simplesmente apresentados numa só interface, utilizando uma mesma lógica de apresentação e não mais por meio de várias interfaces ou de fontes de informação.

Vejamos, no exemplo a seguir, um modelo agregador de novas idéias[10].

Os agregadores atuais somente funcionam a partir de conteúdos que tenham uma estruturação normalizada, como por exemplo, a norma RSS – Really Simple Syndication. É uma família de protocolos que permite relacionar conteúdos internet, empregando a tecnologia XML utilizada amplamente por *sites web* e *weblogs*.

---

9. Disponível em: <http://www.afia.lri.fr – http://www.calia.org – http://www.limsi.fr/Individu>.
10. Consulte: Net News Wire Lite. Disponível em: <http://ranchero.com/netnewswire>.

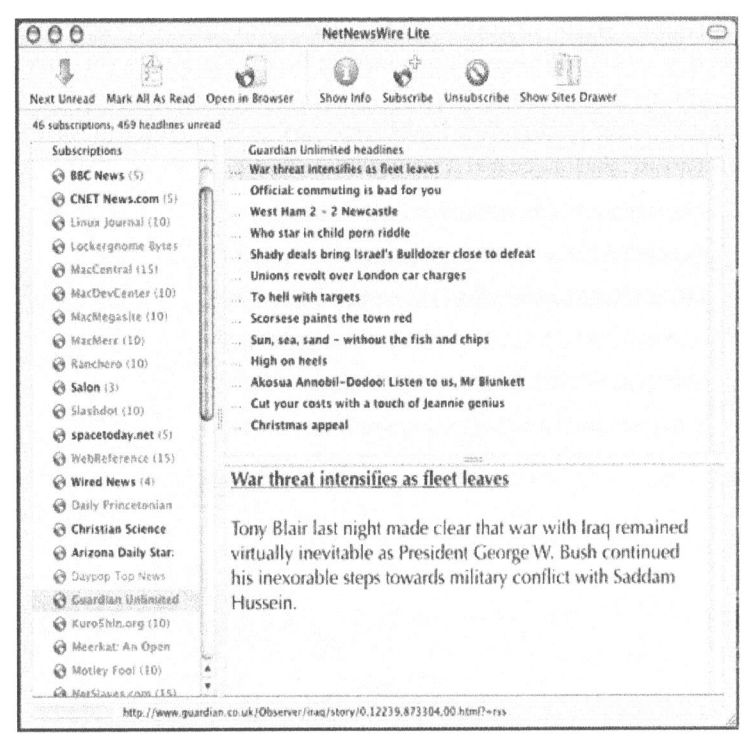

Figura 5 – Modelo agregador de novas idéias do projeto RU3

Princípio de funcionamento de um agregador de informações:

Figura 6 – Agregador de informações proposto pelo projeto RU3

O projeto RU3 propõe desenvolver sistemas de agregação mais potentes que funcionam com conteúdos não estruturados ou estruturados, segundo diferentes normas. O princípio é gerar uma estruturação que não modifica os conteúdos-fonte. Esses sistemas podem ter uma interface de estruturação de dados, como a proposta a seguir.

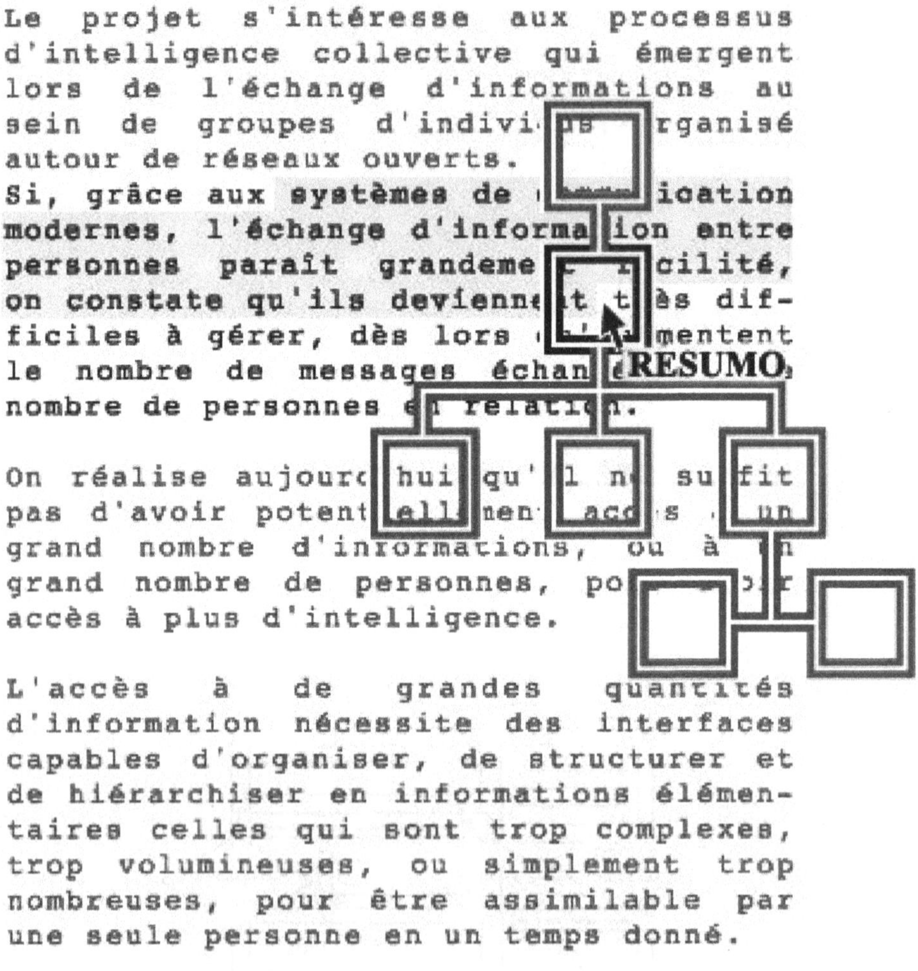

```
Le projet s'intéresse aux processus
d'intelligence collective qui émergent
lors de l'échange d'informations au
sein de groupes d'individus organisé
autour de réseaux ouverts.
Si, grâce aux systèmes de communication
modernes, l'échange d'information entre
personnes paraît grandement facilité,
on constate qu'ils deviennent très dif-
ficiles à gérer, dès lors qu'augmentent
le nombre de messages échangés RESUMO,
nombre de personnes en relation.

On réalise aujourd'hui qu'il ne suffit
pas d'avoir potentiellement accès à un
grand nombre d'informations, ou à un
grand nombre de personnes, pour avoir
accès à plus d'intelligence.

L'accès à de grandes quantités
d'information nécessite des interfaces
capables d'organiser, de structurer et
de hiérarchiser en informations élémen-
taires celles qui sont trop complexes,
trop volumineuses, ou simplement trop
nombreuses, pour être assimilable par
une seule personne en un temps donné.
```

Figura 7 – Árvore de estruturação semântica

Uma árvore semântica, ou árvore de estruturação semântica, é uma ferramenta de qualificação de conteúdos, com uma estrutura gráfica arborescente. Ela permite que os utilizadores de conteúdos estruturem uma informação, segundo as próprias necessidades, sem modificar o documento original. Cada galho da árvore representa um nível semântico de articulação. Colocando o cursor sobre um dos galhos, é possível deslocar a árvore em termos da articulação escolhida.

Vejamos o exemplo do resumo capturado na figura "Árvore de estruturação semântica" (p. 62).

O documento inicial é um arquivo texto ou html, estruturado ou não, e dotado de um endereço. A interface é utilizável diretamente por um utilizador ou um software agente após uma fase de aprendizagem. Cada janela da árvore de estruturação corresponde a um nível hierárquico. As bibliotecas-árvores permitem escolher as estruturações apropriadas aos conteúdos que são estruturados em função das necessidades dos utilizadores. É preciso assegurar que os conteúdos dos autores correspondam às necessidades dos utilizadores.

Normalmente, numa rede comum, é possível saber onde estão localizadas as fontes de informação (na *web*, na intranet), mas é difícil saber, muitas vezes, *a priori*, quem são ou quem serão os utilizadores dessas informações:

- Que língua eles falam?
- São adultos ou crianças?
- Qual é sua capacidade de compreensão?
- Qual é a dimensão do seu vocabulário?
- Em que contexto eles vão ter acesso à informação?
- Elas estão em lugares públicos ou privados?
- Eles dispõem de muito tempo ou estão sempre apressados?
- A ferramenta utilizada para o acesso à informação é capaz de reproduzir corretamente toda informação?
- Eles procuram uma informação particular?

Nesse contexto, é preciso refletir sobre o fato de que uma informação não é qualitativa ou confiável por meio de uma terminologia estabelecida, pois essa terminologia pode variar de um utilizador a outro. A informação não pode ser etiquetada de forma absoluta e definitiva, pois a etiqueta pode mudar em função do contexto, da época, da moda e do ambiente.

Essa característica aberta e não definitiva do contexto de percepção e utilização da informação é uma das razões pelas quais a *web* semântica aparece constantemente discutida por especialistas e considerada um programa destinado mais às máquinas que aos utilizadores. Sem querer aqui aprofundar a discussão sobre a *web* semântica, é constatável que os programas de pesquisa interdisciplinares nesse domínio buscam trocar o eixo da forma como as informações são estruturadas. A ênfase à estruturação fechada dá lugar a uma ênfase na estruturação aberta surgida da interação entre os utilizadores.

1.7. A informação interativa faz o coração das redes de inteligência coletiva

Esse deslocamento da forma de estruturar a informação, presente nas redes inteligentes, parte da seguinte questão: qual a natureza dessas interações e quais são os meios disponíveis para captá-las?

Como as idéias, os conteúdos da informação não são categorizáveis de forma definitiva. É por meio do uso que os utilizadores de determinada informação fazem que é possível, então, qualificá-las de conteúdo. Vamos relembrar que, numa rede aberta, os utilizadores difundem os próprios conteúdos, e estes são acessíveis, sem restrição, a todo utilizador potencial. Atualmente, os meios empregados para constituir essas redes abertas são: *wiki*, *weblog*, *moblog*, *slashdot*, fórum, *chat*, IRC etc. Logo que um conteúdo publicado utiliza uma linguagem partilhada por outros utilizadores, o propósito de uns pode alimentar propósitos de outros. A informação interativa provém das seguintes características essenciais:

- A rapidez com que é possível publicar idéias e conteúdos;
- A persistência ou não de propósitos;
- O volume da audiência potencial.

Nas redes abertas, os temas sem interesse não produzem audiência, simplesmente porque eles não são levados em conta por outros utilizadores. Ao contrário, temas mais amplos, mobilizantes, interessantes, bem compreendidos e contestadores encontram rapidamente uma audiência nas comunidades de utilizadores de redes abertas. O valor de uma informação ou de uma idéia pode ser medido pela quantidade de interações produzidas na comunidade de utilizadores de informação ou de idéias. E mais, desperta novos propósitos e idéias nessa comunidade, mobilizando utilizadores, produzindo partilhas e, conseqüentemente, mais interação com outras comunidades. A informação não estruturada é mobilizadora de idéias férteis e construídas coletivamente.

Mas como medir a pertinência de uma informação e as formas de interação subjacentes? O que se pôde observar, ao longo dos últimos anos, foi uma completa redefinição sobre o que se pode designar como pertinência de uma informação. Esse processo não se funda mais sobre o valor absoluto encravado num tempo e etiquetado como informação de referência, informação verdadeira ou como desinformação. A informação pode ser medida quando avaliamos o seu uso e se sua construção é feita dentro de redes abertas para que possa ser apropriada, reformulada e contestada. Nesse contexto, é possível compreender que toda tentativa de medir a pertinência de um conteúdo e, mais largamente, de uma informação, é uma questão de verificar que interações existem entre a informação e os utilizadores dessa informação, cuja importância está ligada intrinsecamente às formas de interação detectáveis e à pertinência atribuída a ela nesse processo.

As interfaces de acesso a esse tipo de metainformação, antes de tudo, permitem melhorar a relação sinal–ruído de uma informação, que contribui para mascarar uma parte dos conteúdos não pertinentes – logo, uma interface que permite gerar subinformação ou supercarga de informação. As interfaces fluidas produzidas para redes abertas permitem a manipulação de um conjunto coerente de informações contextualizadas em função das necessidades dos utilizadores.

1.8. *Design* de interação

O *design* da interação concerne à definição e à otimização das modalidades possíveis de diálogo entre um ser humano e uma máquina no contexto de utilização. Hoje, algumas máquinas já podem ser utilizadas por animais; então, já é possível aumentar nosso quadro de diálogo entre os sistemas vivos e, no sentido mais amplo, as máquinas. Por modalidades de diálogo, é possível entender os modos colocados à disposição para criar e manter esse diálogo. Podemos citar, como exemplo, a forma, a cor, o som, os símbolos, a linguagem, o cheiro etc. As modalidades de diálogo homem/máquina, uma vez definidas, são, em seguida, formalizadas e estruturadas via uma interface, como um navegador *web*, ou o controle remoto de um leitor DVD.

Porém, para definir e otimizar as modalidades do diálogo homem/máquina, é indispensável conhecer uma parte das potencialidades do sistema humano e, mais particularmente, aquele cuja máquina ou o produto interativo é destinado, como também os contextos de utilização possíveis. Qualquer que seja o grupo ou o alvo escolhido, o estudo das potencialidades humanas deverá levar em conta diversos parâmetros de ordem psicológica, cognitiva e sociológica, quais sejam os sentidos utilizados, os processos cognitivos envolvidos, os filtros sociais, culturais e pessoais, os comportamentos externos e os possíveis estados internos.

As recomendações de diversos estudos desenvolvidos de forma interativa durante **o processo de criação**, asseguram que a gênese de um produto realmente voltado às necessidades dos utilizadores se baseia **em elementos factuais, e não, em suposições**. Assim, um *design* de interação para um modelo fluido cria uma passarela entre os objetivos de marketing (criação de produtos de sucesso), as limitações e possibilidades das tecnologias utilizadas e a ergonomia, sempre levando em conta o conforto e a utilidade para os utilizadores. Dentro do quadro de pesquisas desenvolvidas no seio do RU3, a interação entre o utilizador da informação e a informação se transforma em uma metainformação utilizável para fins de contextualização de informação, isto é, permite levar aos utilizadores informação contextualizada.

O *design* de interação ou *design* de interatividade oscila entre dois pólos: a acessibilidade e a desestabilização. A acessibilidade se preocupa em facilitar as tarefas do utilizador e implica considerar os critérios ergonômicos que conduzem geralmente ao enunciado de linhas de conduta, as quais facilitem o trabalho do conceptor e conduzam a certa padronização das interfaces. A desestabilização, ao inverso, procurará provocar questionamentos ao utilizador, levar a um desejo de compreensão, o qual poderá responder a um comportamento lúdico e exploratório ou a uma incompreensão e rejeição. As interfaces desestabilizantes são geralmente consideradas artísticas, com forte valor simbólico, que leva à gestão e produção da informação com forte valor de uso e noções conectivas da expressão da inteligência.

1.9. Inteligência artificial e cognição

O paradigma cibernético vê sua concretização tecnológica por meio de duas disciplinas: a Inteligência Artificial – IA e a Vida Artificial – VA. Ambas se interessam pela concepção de máquinas que possam simular a concepção humana. Elas se aproximam em certos pontos e se afastam em outros, alimentando um longo debate teórico e metodológico. Tanto a IA quanto a VA estudam os sistemas construídos pelo homem que podem representar comportamentos característicos de sistemas vivos. A fim de dispor de alguns pontos de ancoragem para alimentar essa discussão, levantamos somente alguns aspectos primordiais que dizem respeito mais de perto ao interesse da construção de interfaces interativas.

Nesse domínio, as pesquisas interdisciplinares se apóiam em dois conceitos fundamentais: o de vida natural e o de vida artificial, que ocupam grande parte da produção científica quando se fala de inteligência coletiva. A definição de vida natural tem sua gênese em vários campos do conhecimento.

1.9.1. Definição da biologia

Segundo esse campo do conhecimento, são estas as características fundamentais que definem vida natural:

• Auto-reprodução – propriedade característica das estruturas celulares dos seres vivos que, em geral, exprime a aptidão do ser vivo à **assimilação** (formação de novas macromoléculas idênticas àquelas já apresentadas), à **organização** (edificação de estruturas complexas) e à **duplicação** sincrônica das estruturas. Os componentes de uma célula, tais como os cromossomos, os nucléolos, o aparelho de Golgi, as mitocôndrias se multiplicam por auto-reprodução. A multiplicação vegetativa de plantas e certos animais é uma auto-reprodução em escala maior. Em revanche, os vírus que se fazem reproduzir pela célula em que eles penetraram são incapazes de se reproduzir;

• Assimilação – os seres vivos se apropriam de substâncias exteriores e as transformam em seus próprios constituintes;

• Homeostase – princípio geral de regulação dos organismos, segundo o qual todo organismo tende a manter constante um certo número de parâmetros biológicos, restabelecendo seus valores por compensação, em caso de modificação do meio exterior. A noção de homeostase pode ser empregada para caracterizar um ecossistema que resiste e conserva um estado de equilíbrio;

• Reatividade – os seres vivos percebem os diferentes sinais de seu meio ambiente e reagem a ele.

Esse conjunto de propriedades não apareceu ao mesmo tempo, e foi necessário um longo período para se manifestarem. Os primeiros sistemas vivos eram simplesmente capazes de se reproduzir; a evolução das espécies permitiu que eles adquirissem funções metabólicas mais complexas. Pode-se afirmar que um sistema vivo requer a presença de uma macromolécula (como DNA), portadora de informação para dirigir a própria síntese. Esses critérios são necessários e suficientes, ou poderemos falar da existência de somente um deles para definir um ser vivo? O menor nível de complexidade compatível com o conjunto dos caracteres do ser vivo é o da bactéria, mas também os vírus que não podem assimilar, reproduzir-se sozinhos, nem crescer e são citados como seres vivos. Um outro exemplo são os cristais. Em fase de crescimento, um cristal parece vivo; ele cresce e é capaz de escolher elementos na natureza para não criar impurezas, entretanto, não é considerado como ser vivo. Ao inverso, uma mula é caracterizada como um ser vivo, no entanto é incapaz de procriar; um vírus informático pode se multiplicar e contaminar programas, como seu equivalente biológico infecta uma célula. Mas, como ele pode ser qualificado? Esses exemplos demonstram bem as dificuldades que encontram todas as tentativas de proposição de critérios rígidos para definir os seres vivos.

1.9.2. A definição vinda da física

Essa ciência, que leva em conta as leis da termodinâmica – parte da física que estuda os fenômenos a partir das noções de temperatura, calor e entropia, e cujo desenvolvimento maior se deu conjuntamente com a evolução das máquinas térmicas, cobre um vasto campo de aplicação, incluindo os seres vivos. Ela explica as transformações físicas e químicas, envolvendo trocas de calor em sistemas isolados, fechados ou abertos. A termodinâmica repousa sobre dois princípios fundamentais: a conservação de energia e o conceito de entropia definido como um estado de desordem num sistema determinado. Se forem levadas em consideração as leis da termodinâmica, encontraremos uma outra definição, bastante interessante, de vida natural, dado que não é necessário levar em conta nenhum prejulgamento sobre a estrutura dos comportamentos que deve ter esse ser vivo. Pode-se dizer, então, que a vida é a capacidade de manter e reproduzir uma estrutura complexa em função das condições termodinâmicas desfavoráveis. Isso permite dizer que os seres vivos existem e se reproduzem, mas o meio ambiente tende a degradar sua estrutura. Por exemplo, a degradação de moléculas orgânicas é produtora de energia, e esse processo consome energia. Deixadas em ambientes vulneráveis, as moléculas entram irremediavelmente em decomposição. A vida, então, nesse contexto, pode ser entendida como a capacidade de as moléculas se juntarem em estruturas organizadas e auto-reprodutíveis.

1.9.3. Uma proposição por Maturana e Varela

As definições de vida são numerosas e variam de acordo com o referencial. Então, fica difícil, em função dos limites de um estudo como este, repertoriar todas as propriedades dos seres vivos de forma estrita. Maturana e Varela (1979) propõem uma outra via de definição bastante considerada: a de conceber um ser vivo como uma organização autopoiética. A *autopoiese* é entendida como a capacidade de os seres vivos criarem uma rede de transformações dinâmicas, fabricando seus próprios componentes (metabolismo), construindo uma barreira topológica (membrana) que, por sua vez, é a condição necessária do funcionamento, ao mesmo tempo em que engendra uma rede de transformações. Isso significa dizer que os seres vivos estão continuamente em processo de auto-reprodução. Como organizações autopoiéticas, os seres vivos se diferem uns dos outros pela sua estrutura, porquanto são idênticos em sua organização. A intenção dos autores se define como científica, e eles indagam: Se não é possível a um domínio do conhecimento fornecer uma lista estrita de características de um ser vivo, por que não propor um sistema que gere todos os fenômenos próprios deles? O fato de que uma entidade autopoiética tenha essas características aparece como evidência de que existe uma interdependência entre metabolismo e estrutura celular. Nesse processo de produção da autopoiética, existe uma ausência de separação entre produtor e produto, isto é, o ser e a unidade autopoiética são inseparáveis. É evidente que possuir um sistema de organização não é uma característica própria dos seres vivos somente, mas de tudo que pode ser analisado como um sistema[11].

A definição de vida artificial é melhor compreendida quando assimilamos a concepção de Inteligência Artificial – IA. A IA toma a cognição humana como referência e se interessa pela concepção de máquinas que podem simular a cognição humana. A vida artificial, por sua vez, tende a se aproximar do funcionamento biológico e se volta mais para os comportamentos reflexos do que para as reflexões lógicas ou os atos cognitivos. Seu domínio de estudos é mais vasto e explora características do ser vivo em geral. A Vida Artificial – VA explora conceitos saídos das correntes cognitivistas e conexionistas no contexto das ciências cognitivas. Explora a proposição de soluções que se apóiam no modelo simbólico de auto-organização e, muitas vezes, constrói modelos a partir de uma combinação das duas metodologias. É possível, atualmente, distinguir dois tipos de trabalho saídos da VA. De um lado, as simulações que utilizam exclusivamente o computador (todo sistema é modelável por computador), isto é, um sistema formal é suscetível de representar, de forma satisfatória, um sistema físico; de outra parte, as realizações em que a característica do sistema é primordial. Considera-se, assim, que a dimensão física de um

---

11. Disponível em: <http://www.vieartificielle.com>.

sistema é irredutível a uma representação simbólica. Propõe soluções que se apóiam, ora no modelo simbólico ora no modelo auto-organizacional.

1.9.4. Critérios da vida artificial

A partir de que propriedades mínimas e de que forma é possível definir um sistema de vida artificial? As propriedades abaixo são encontradas em grandes estudos da área.

- Todo sistema de VA é construído por seres humanos;
- Um sistema de VA é autônomo;
- Um sistema de VA interage com seu meio ambiente;
- Existe a emergência de comportamentos num sistema de VA;
- Um sistema de VA pode se auto-reproduzir;
- Um sistema de VA possui capacidade de adaptação;
- Um sistema de VA não é uma unidade, ele pode se dividir em diversas partes: um robô pode efetuar cálculos ligados por ondas. No interior de um computador, por exemplo, nem todos os octetos do sistema são reagrupados.

1.9.5. Domínios da vida artificial

A vida artificial detém um conjunto de domínios que podem ser classificados em dois grupos principais: as versões triviais e as não triviais de formas de vida artificial. Para cada um desses grupos, podemos encontrar VA fraca (busca de imitação da vida) ou forte (busca de criação da vida). Vejamos como Emmeche (1991) definem os domínios da vida artificial:

Versão trivial	Versão não trivial
Simulação e modelos Simulações informáticas fundadas sobre modelos matemáticos, conceituais ou físicos de sistemas biológicos. Eles podem chegar a formas reais de vida.	Sistemas computadorizados Essas realizações são, por definição, estritamente informáticas. Elas têm como objetivo a criação de organismos virtuais considerados vivos (pelo menos pelo autor). É a via forte mais contestada no que se refere à vida artificial.
Organismos modificados São seres vivos reais modificados pelo homem por meio de manipulações genéticas, por exemplo.	Experiências relevantes da bioquímica Essa categoria inclui as sínteses de processos prebióticos e de organismos primitivos graças às experimentações físico-químicas *in vitro*.
	A robótica evolutiva Reagrupa os robôs autônomos e evolutivos.

Quadro 3 – Conjunto de domínios da vida artificial proposto por Emmeche (1991)

Essas formas de vidas artificiais diferem fortemente umas das outras. Nesses domínios, as fronteiras são móveis entre vida natural e vida artificial, assim como entre vida artificial e programa dotado de inteligência artificial. Nesse contexto, é bem considerado o modelo não trivial, em que os sistemas computacionais são intermediários: os sistemas multiagentes – SMA, os Autômatos Celulares – AC, bem como os algorítimos genéticos, que entram na versão trivial da vida artificial. Sobre a possibilidade de a VA ser suscetível de criar vida, Langton[12] afirma:

> [...] são três horas da manhã. De repente eu senti uma presença. Não havia ninguém além de mim. Percebi, então, que se passava qualquer coisa na tela e que esta coisa tinha tocado meu inconsciente. Eu reagi a qualquer coisa viva. É claro que meu computador não é uma coisa viva, mas ele foi capaz de um certo comportamento que fez reagir alguma coisa primitiva em mim como se ele tivesse vida.

Essa idéia tem dado origem a inúmeras simulações informáticas. As duas disciplinas envolvidas – a IA e a VA – já permitem a possibilidade de uma leitura em diversos níveis de sistemas cognitivos: um nível físico, um nível formal (sintaxe) e um nível perceptivo (que permite ao sistema interagir com seu ambiente). Vejamos, a seguir, exemplos de simulações importantes em andamento.

---

12. Disponível em: <http://www.vieartificielle.com/article>.

Robô Papero

Identificação

Nome do robô	Papero
Construtor	Nec
Site web	http://www.incx.nec.co.jp/robot/papero
Autor da ficha	Jerome Damelincourt

Descrição geral

Categoria	Científica
Meio de locomoção	Rolagem
Comprimento	24,5 cm
Largura	24,8 cm
Altura	38,5 cm
Peso	5 kg
Finalidade	Apresentado em janeiro de 2001, Papero (Partner Personal Robot) é irmão de R100 (construído em 1999). O projeto objetiva construir interfaces entre os seres humanos e diferentes máquinas para uso em casa, e cujas características desenvolvidas são cada vez mais complexas.
Pontos fortes	Papero é capaz de realizar tarefas de forma mais eficaz que seu irmão. Ele gerencia emprego do tempo, lembra encontros e festas de aniversário, propõe jogos, gerencia e-mails ou a TV. A evolução, em relação a seu irmão R100, é que ele não precisa de computador externo.

Aspectos da vida artificial de Papero

Autonomia de ações	Ele é capaz de mover-se sozinho em casa. Pode se aproximar para perguntar se você está precisando de ajuda.

Comunica-se com outros robôs / Comunica-se com seres humanos
Pode dialogar com as pessoas. Reconhece mais de 650 códigos (100 por R100) e pronuncia mais de três mil (300 por R100) palavras. Seu diálogo é diferente em função do interlocutor.

Propriedades gerais

Aprendizagem

Supervisionada	Sim. Ele aprende a reconhecer os rostos das pessoas e se lembra das pessoas que o maltratam.

Quadro 4 – Robô Papero desenvolvido por Nec

Robô Kismet	
Identificação	
Nome do robô	Kismet
Construtor	Cynthia Breazeal (M.I.T)
Site web	http://www.ai.mit.edu/projects/humanoid
Autor da ficha	Jerome Damelincourt

Descrição geral	
Categoria	Científica
Meio de locomoção	Nenhum
Altura	38 cm
Peso	de 4,5 kg à 7 kg
Finalidade	O objetivo das pesquisas em Kismet é desenvolver interações sociais fortes entre homem e robô. Segundo Cynthia Breazeal, é indispensável ter um retorno das interações para melhor compreender a percepção e as ações do outro.
Pontos fortes	Ele é capaz de exprimir inúmeras expressões e emoções como tristeza, alegria e raiva.

Aspectos da vida artificial de Kismet	
Ligado a um PC por cabo	Ele é ligado a 4 Motorolas 68332s e a vários Pcs.
Lista de captadores	Em particular, três câmeras: duas de visão favorável e uma de visão periférica. Possui diversos outros captadores como microfone.
Movimento e equilíbrio	Sim. Indispensável (tem a capacidade do cérebro humano de conhecer, a todo momento, a posição do corpo no espaço).

Comunicação com outros robôs
Comunicação com seres humanos – é sua especialidade.
Capacidade de reconhecer os seres humanos – Ele é capaz de distinguir rostos, objetos, animais, brinquedos (reconhece o rosto de um brinquedo, em forma de vaca, utilizado por Cynthia Breazeal).

Propriedades	
Adaptação	É capaz de se adaptar.

Aprendizagem	
Supervisionada	Logo que ele age, Cynthia Breazeal reforça com palavras suas ações.
Não-supervisionada	Sim. Ele segue, por si mesmo, o olhar de Cynthia para ver se há algo interessante.

Quadro 5 – Robô Kismet, construído por Cynthia Breazeal (M.I.T.) – continua na página 74

Estados internos	
Pulsões	Sim. Para desenvolver um comportamento social, foi preciso desenvolver as emoções. Por exemplo, se o experimentador lhe vira as costas, ele fica triste.
Comentário	
	É um dos robôs mais interessantes pela sua riqueza de comportamentos.

Quadro 5 – Robô Kismet, construído por Cynthia Breazeal (M.I.T.) – conclusão

O Japão tem investido muito no que concerne ao desenvolvimento da vida artificial. Cerca de onze protótipos foram mostrados recentemente, na Expo 2005, que exibe o panorama mundial nesse domínio. Robôs humanóides, robôs que desenvolvem movimentos, que dançam, tocam bumbo, jogam golfe, correm, realizam cirurgias são as novidades. As pesquisas têm conseguido ampliar as possibilidades da interação homem/robô, criando formas interativas mais complexas. A robô humanóide japonesa, Actroid Repliee Q1, desenvolvida pela Universidade de Osaka, é revestida com um silicone especial, que tenta reproduzir a pele humana. Sensores nessa "pele" ativam mecanismos a ar, o que lhe permite mover braços, tronco e a cabeça com suavidade. A andróide também é capaz de conversar com humanos ainda dentro de um certo limite. A intenção dos pesquisadores é de criar robôs que possam interagir o mais naturalmente possível com as pessoas.

Figura 8 – Robô Actroid Repliee Q1, desenvolvido pela Universidade de Osaka, no Japão

1.10. Cognição, interação e modelização

As pesquisas no domínio da vida artificial ampliam a discussão e a reflexão sobre a convergência tecnológica. Mudanças na concepção de produtos e aplicações oriundas da aproximação entre campos diversos do conhecimento permitem desenvolver aportes específicos sobre a noção de interatividade. Considerando que os robôs inteligentes (vida artificial) já são capazes de interagir com seres humanos, como poderemos, então, pensar a concepção de interfaces interativas portadoras de novas formas de aprendizagem?

A interatividade é hoje considerada como um conceito-âncora quando se fala em relação homem/computador e homem/homem. Os conceptores de *sites* utilizam bastante suas características, apresentando-as como valores importantes a integrar um projeto. A concepção de interatividade, freqüentemente introduzida no discurso de democratização das mídias, é um verdadeiro "milagre". Esse é notadamente o caso da democracia eletrônica. O discurso leva a acreditar que as tecnologias da informação e comunicação são, por essência, interativas e que essa interatividade, automaticamente, tornará possível a democratização das mídias, permitindo aos utilizadores tornarem-se produtores de informação, exprimirem-se mais amplamente e aumentar sua participação na vida social. A interatividade não é, evidentemente, uma condição suficiente para permitir uma melhoria automática da aprendizagem e da produção do conhecimento. Mas, afinal, o que pode ser entendido como interatividade no contexto dos estudos e pesquisas? Como os processos interativos ampliam a cognição? A interatividade é modelizável?

A concepção de interatividade reagrupa diferentes aportes. Para alguns autores, preencher formulários em linha é considerado como interatividade; para outros, uma demanda de informação, por formulário ou correio eletrônico, a possibilidade de enviar comentários, oferta de possibilidades de comunicação via fóruns implica interatividade. Para alguns deles, a interatividade deverá sempre incluir uma idéia de controle de escolhas. No nosso entender, a concepção de interatividade deverá ser compreendida a partir das características de uma relação de comunicação entre pessoas ou entidades, **A** e **B**.

O aspecto-chave dessa relação é, sobretudo, a interatividade. Quando, por exemplo, **A**, como utilizador virtual, envia uma mensagem a **B** para um serviço administrativo, **B** responde a **A**, levando em conta sua demanda inicial. Então, podemos falar de interatividade. Uma mídia como a internet não é interativa por essência, mas oferece possibilidades de interatividade que serão ligadas à natureza dos serviços propostos e ao tipo de comunicação que se estabelecerá entre **A** e **B**. Os fóruns de discussão, o correio eletrônico, os formulários em linha possuem potencialidades interativas, mas poderão perdê-las em função da forma como serão utilizados e do tipo de informação que eles vão efetivamente gerar. Isso nos leva a sublinhar um ponto importante: **a gestão dessa interatividade**.

A modelagem de interfaces interativas para a *web* ocorre, na maioria dos casos, pela linguagem HTML ou Applets Java. O desenvolvimento de interfaces mais complexas com mecanismos mais sofisticados de interação ainda carece de estudos interdisciplinares sobre a questão. O projeto RU3, acima discutido, permite verificar que essa preocupação tem dado frutos importantes. Algumas tendências de modelagens desenvolvidas com uso multimídia das interfaces têm sido uma via na tentativa da busca de mais interação. Vejamos alguns exemplos mais significativos.

1.10.1. Wikis: *groupware* nova geração

É uma forma de comunicação interativa e de conteúdos *on-line*. Uma mistura de fóruns de discussão, *blogs* e internet tradicional, é considerado o software de inteligência coletiva mais efetivo. É uma enciclopédia permanente e colaborativa de que todo internauta é convidado a participar em função de seu interesse e dos campos de especialização. É um html sem html, visto que cada página do *site* possui um *link* editor com dispositivo de registro permanente (histórico das modificações), no qual qualquer visitante pode clicar e modificar, acrescentar ou suprimir o que ele contém. Como um espaço aberto e em crescente expansão, é regido por normas próprias, fundamentadas, sobretudo, na partilha e na liberdade de expressão. O *site* http://wikipedia.org teve um sucesso estrondoso na Europa, principalmente na França. Comporta mais de trezentas mil páginas, correspondendo a mais de 160 mil artigos, somente na versão inglesa. A Wikipedia existe em cerca de trinta línguas, entre as quais, o francês, o inglês, o polonês, o árabe, o catalão e, até mesmo, o esperanto. Embora o inglês represente mais ou menos a metade do seu volume, milhares de contribuintes redigem e melhoram permanentemente suas entradas.

1.10.2. Ambientes de trabalho compartilhados – ATC

A idéia de trabalho compartilhado surge como alternativa da quebra de linearidade da *web*, uma vez que os *web browsers* são ferramentas criadas para utilizador único e oferecem poucas alternativas para o trabalho colaborativo sobre a informação partilhada. Entre as características do trabalho compartilhado mais comuns, destacam-se a comunicação por voz, a possibilidade de fazer marcas, a possibilidade de privacidade, quando necessário, a possibilidade de perceber e reconhecer outros participantes e de perceber o que os outros participantes estão fazendo.

Estudos desenvolvidos por meio do Computer Supported Cooperative Work – CSCW objetivam investigar tecnologias computacionais para projetar suportes de colaboração mais efetivos. A inserção da comunicação por voz amplia a possibilidade de comunicação dos *chats* e de se fazerem marcas em desenhos compartilhados em tarefas realizadas colaborativamente. A possibilidade de perceber e reconhecer outros participantes do ambiente de trabalho compartilhado (*user awareness*) e de perceber o que outros participantes estão fazendo constitui alguns avanços. Porém, variáveis como taxa de transmissão, suportes de comunicação e arquitetura podem apresentar entraves. Exemplos mais conhecidos são o Basic Support for Cooperative Work – BSCW, o Advanced Multimedia Oriented Retrieval Engine – AMORE e Collaboratory Builder's Environment – CBE.

1.10.3. Ambientes virtuais compartilhados

Os ambientes virtuais compartilhados ou Distributed Virtual Environment – DVE permitem simulações em tempo real de mundos reais ou simbólicos, em que utilizadores se encontram presentes e podem interagir com objetos de outros utilizadores. Eles permitem a interação, em tempo real, de pessoas geograficamente afastadas em grande número (de centenas a milhares). Sendo tridimensional para olhos e ouvidos, permite a mudança de perspectiva auditivo-visual, a interação verbal entre os utilizadores e a interação com simulações computacionais. Admite, ainda, visitas virtuais, simulações militares em situações de combate etc. Exemplos: Distributed Interactive Virtual Environment – DIVE NPSNET-IV (DVE que incorporou o protocolo Distributed Interactive Simulation-DIS e o IP Multicast para simulações multi-usuários na internet) e o Community Place (sistema VRML multi-usuário).

Entretanto, a questão da interatividade ainda alimenta grandes debates. Para Lévy (1999), quando se fala em interatividade em ambientes virtuais, não é possível deixar de assinalar um problema: a necessidade de trabalhos de observação, de concepção e de avaliação dos modos de comunicação humana, porquanto a interatividade não pode ser entendida como uma característica simples e unívoca atribuível a um sistema específico, não se limitando, portanto, às tecnologias digitais.

A possibilidade criada com a interação ampliada entre os seres humanos e a vida artificial leva à discussão do conceito de interatividade para além do conceito de interação, o qual vem sendo utilizado nas mais variadas ciências como as relações e influências mútuas entre dois ou mais fatores, entes etc. Isto é, cada fator altera o outro, a si próprio e também a relação existente entre eles (Primo; Cassol, 1999). O significado da interatividade extrapola esse âmbito. Para Silva (1998), a interatividade está na disposição ou predisposição para mais interação, para uma hiperinteração, para bidirecionalidade-fusão emissão-recepção, para participação e intervenção. Portanto, não é apenas um ato de troca, nem se limita à interação digital. Interatividade é a abertura para mais e mais comunicação, mais e mais trocas, mais e mais participação.

Habermas (1987) entende o processo de interatividade como uma orientação racional da ação por meio do critério da coordenação comunicativa da ação. Não se pode considerar a presença ou não de interatividade pela análise de uma determinada atividade racional de um sujeito isolado. É necessário compreender que o entendimento racional deverá estar voltado para um processo comunicativo que se realiza por meio da linguagem e para a compreensão dos fatos do mundo objetivo, das normas, das instituições sociais e da própria noção de subjetividade. O conceito de interatividade está intimamente ligado à existência de uma prática argumentativa que é uma opção valiosa para produzir entendimentos, sem apelar para a ação estratégica do acesso a uma informação. A interatividade é uma prática da argumentação que permite continuar a ação comunicativa quando há desacordos. A argumentação é um tipo de discurso, pelo qual os participantes tematizam exigências de validade contestadas e tentam resgatá-las ou criticá-las. Desempenha um papel preponderante nos processos de aprendizagem, pois possibilita ao sujeito aprender com seus erros, com a refutação de hipóteses e com o insucesso de suas intervenções.

Os desafios colocados pela evolução das possibilidades de ambientes interativos fazem aumentar a importância da pesquisa interdisciplinar nesse domínio. A predisposição para mais interação é inerente à capacidade cognitiva dos seres humanos. Em todas as formas de relação entre o homem e a máquina ou entre o homem e outros homens, estejam eles utilizando ou não tecnologias digitais, a necessidade de escolha e de intervenção de mudanças se coloca como fundamental. A possibilidade de navegar em hipertextos, avançar e retroceder uma fita de vídeo, fazer o *zaping* num controle remoto de TV, mesmo em 150 possibilidades de canais, ainda não satisfaz a necessidade intrínseca que os sujeitos cognitivos possuem de transgredir e redirecionar os fluxos comunicacionais. Nesse sentido, os *browsers* deverão tornar-se interfaces de *groupware*, permitindo que os utilizadores se contatem, discutam os documentos, reescrevam documentos e interajam com seus *displays* em tempo real. Toda ergonomia cognitiva que seja restrita à lógica linear, em que todos os processos devam ter início meio e fim, está sujeita ao fracasso. A possibilidade colocada pela lógica fluida e aberta parece iniciar a construção ainda teórica de um novo modelo de interatividade. Está em construção uma noção de território para além da noção espacial. São os territórios existenciais que parecem tecer novas formas de comunicação relacionadas à maneira de ser, ao corpo, ao meio ambiente, às etnias, às nações. Um elemento de indeterminação leva os utilizadores de sistemas digitais ao estado de potência, de abertura para aprender, para querer participar da história, à predisposição para mais interação, para mais comunicação. Assim, a internet fluida ou ITV ou qualquer tipo de comunicação mediada pelas redes digitais precisa investir na construção de "mapas abertos" conectáveis em todas as suas dimensões, desmontáveis, reversíveis, suscetíveis de receber constantes modificações. Conforme argumentam Deleuze e Guatarri (1995), que podem ser rasgados, revertidos, adaptáveis a montagens de qualquer natureza e reestruturados pela inteligência coletiva. As TICs trouxeram historicamente uma forma de modelação da comunicação pautada na teoria matemática da informação, que tem limitações, e traz desafios a uma nova engenharia da cognição. A constatação de que as TICs fazem emergir com mais força a possibilidade de ampliação de processos cognitivos pela sociedade coloca a necessidade de mudanças. As pesquisas em andamento, no domínio dos registros sensoriais das reações dos indivíduos nos processos interação homem/máquina, apontam para a compreensão de que as sociedades humanas e os organismos individuais são semelhantes, visto que são compostos por variáveis interdependentes que se influenciam mutuamente. Assim, as tecnologias que permitem mais e mais interação trarão em si as possibilidades de ampliação de processos cognitivos mais amplos.

Capítulo 3

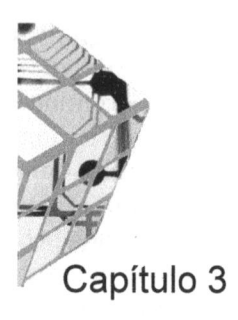

EXIGÊNCIAS A CONCILIAR: ITV E WEB

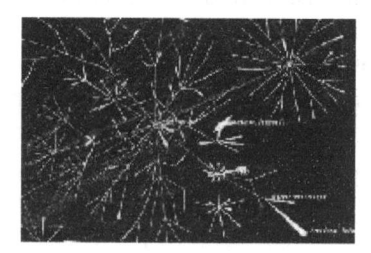

Figura 9 – Detalhe de uma tipologia dinâmica de interação
Fonte: http://www.websemantique.org

1. ECOLOGIAS COGNITIVAS PARA APLICAÇÕES EM ITV E *WEB*

A arquitetura da informação é o fundamento primeiro quando se pensa em uma aplicação no domínio de um software, *web* ou ITV. Para otimizar essa arquitetura, levando-se em conta os mecanismos de interação, o nível de evolução das possibilidades tecnológicas e uma visão atualizada das necessidades dos utilizadores, são necessários a utilização de metodologias específicas de caráter interdisciplinar e o conhecimento sobre o estado da arte no domínio de concepção.

Vimos, ao longo deste estudo, que os modelos abertos de concepção encontram eco em todos os domínios de produção de aplicações na *web*, na ITV ou nos softwares. A tensão entre os paradigmas de interação centrados na relação homem/máquina e os centrados nas necessidades do utilizador está levando a se pensar em novas ergonomias cognitivas voltadas para a produção do conhecimento com características cada vez mais abertas e fluidas. A necessidade de desenvolver sistemas inteligentes cada vez mais próximos do funcionamento da capacidade de pensar do ser humano reabre o debate sobre a ênfase dada à ergonomia do processo de concepção de aplicações.

1.1. O método CCU – Concepção Centrada no Utilizador

A concepção centrada no utilizador consiste, sobretudo, em considerar os utilizadores e suas necessidades ao longo de todo o processo de desenvolvimento de uma aplicação informática. Os utilizadores finais são os primeiros colocados no processo de avaliação do desenvolvimento de um produto. Se esse produto corresponde às suas necessidades, desejos e características, ele terá toda a chance de ser adotado. Tal concepção impõe o desenvolvimento de produtos, guiado muito mais pelas necessidades de quem vai utilizar do que pelas possibilidades tecnológicas possíveis.

O processo de concepção de uma aplicação informática, a partir do método CCU, deverá incluir um conjunto de métodos especializados destinados a recolher entradas e convertê-las em escolhas de concepção. O conceito de utilizador, nesse contexto, é a referência-chave. O método CCU toma como referência dois tipos de utilizadores: o **utilizador real** (que utilizará de forma pessoal ou profissional ou que já utiliza uma versão precedente) e o **utilizador potencial** (características em termos de idade, cultura, experiência em informática, campo específico de *expertise* e ambiente tecnológico).

Esse processo de reconhecimento do tipo de utilizador não pode se dar somente a partir de inferências sobre desejos, mas no desenvolvimento de um método rigoroso de recolhimento de dados concernentes ao perfil profissional, ao tipo de trabalho, às necessidades, à satisfação e à eficácia apresentada em testes de protótipos. Essa preocupação não poderá ser levada em conta somente na fase precoce do projeto; ela deverá ser interativa e repetida ao longo de todas as etapas-chave de um projeto determinado. Assim, conceber uma aplicação interativa e de fácil utilização, que corresponda às necessidades do utilizador final, é um resultado que deriva de metodologias apropriadas e necessita de novas questões a cada etapa crítica da concepção.

Essa concepção, ou método CCU, resultou na norma internacional ISO 13407 (processo de concepção de interface de sistemas centrado no homem) e é considerada como um ciclo interativo. A comparação das características do produto tem exigências de organização e utilização que determinam sua finalidade.

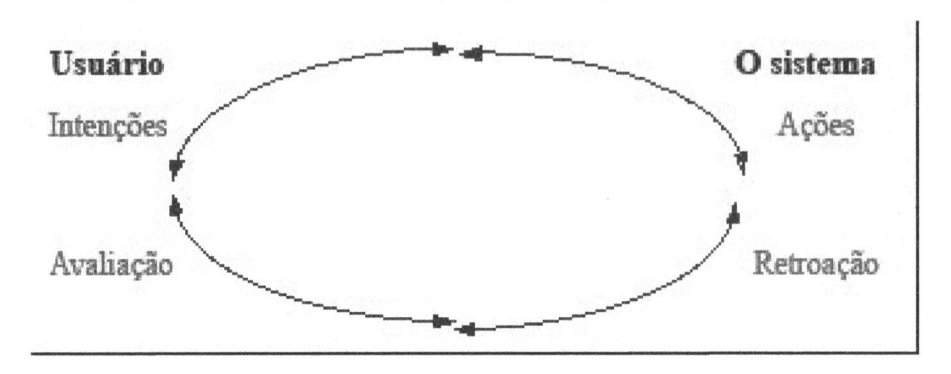

Figura 10 – Ciclo interativo proposto na Norma ISO 13407

1.1.1. Etapas do processo de concepção centrada no utilizador

Um processo de CCU típico compreende três fases principais, cujo desenvolvimento só pode ser realizado de forma interativa: a análise, a concepção e a avaliação. De forma mais precisa, a ISO 13407 define as etapas de um ciclo de concepção centrada no utilizador, como apresentado na figura 11.

Evidentemente, esse método sofre modificações em função de variáveis como tempo disponível, margens de manobras financeiras, disponibilidade de utilizadores, tipo de aplicação (*expert* ou grande público), domínio de intervenção (software, *web*, ITV) e da competência da equipe interdisciplinar envolvida. Nesse processo, entra em jogo a importância de um estudo sociológico. A hoje chamada sociologia do uso encontra um espaço importante nos projetos de concepção. A utilização do método CCU, num processo de concepção, implica pensar que não se pode prescindir que os utilizadores sejam analisados por meio de entrevistas, questionários, observação, grupos focais e testes de protótipos. Isso pode afetar todas as etapas particulares de um ciclo CCU. A primeira etapa, propriamente dita, do ciclo CCU visa compreender e especificar o contexto de utilização. Efetivamente, trata-se de compreender e especificar a população-alvo: características, finalidades, forma de trabalho, ambiente técnico, físico,

```
                Planificar o processo de
              concepção centrado no utilizador
                            │
                            ▼
                  Compreender e especificar
                   o contexto de utilização
FIM
 ▲
 │ As exigências    As exigências não
 │ são atendidas    são atendidas
   Avaliar as soluções           Compreender e especificar as
      em função das               exigências tanto dos utiliza-
   exigências predefinidas        dores como dos organizacionais


                    Produzir as soluções
                       de concepção
```

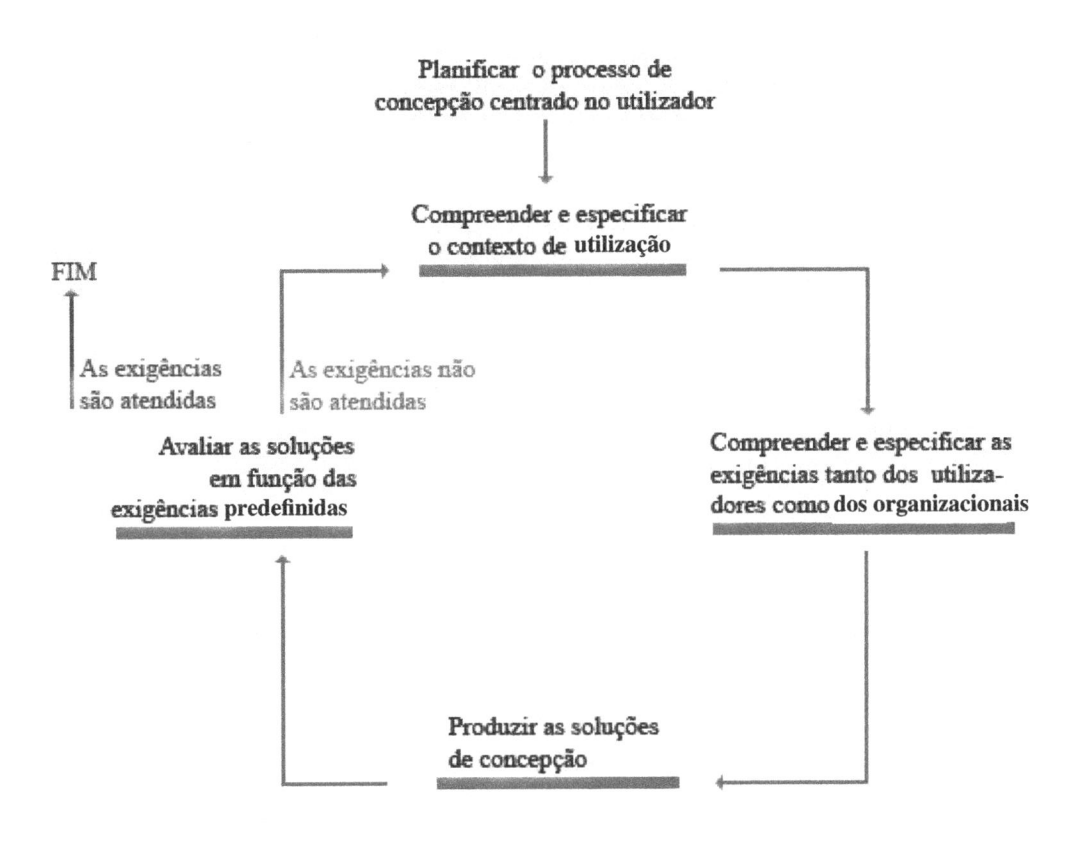

Figura 11 – Modelo de planejamento de um processo de concepção centrado no utilizador

social, organizacional e legislativo. E ainda os possíveis problemas ligados à capacidade do parque tecnológico como conexão, resolução de telas etc.

A identificação dos perfis dos utilizadores é a base essencial da primeira etapa do ciclo. O conhecimento dos perfis permitirá escolher os métodos de avaliação e de selecionar os participantes para os testes. O engenheiro cognitivo deverá conhecer a fundo as características dos utilizadores finais – nível de conhecimento, cultura, tarefas a serem realizadas, nível de experiência no trabalho e em informática, linguagem, nível educacional, formação, características físicas, psicológicas, hábitos e atitudes.

O acesso às informações sobre os usuários finais é imprescindível. Para melhor aprofundar os conhecimentos sobre os utilizadores, o engenheiro cognitivo deverá compor a equipe interdisciplinar para discutir amplamente os métodos utilizados e os resultados alcançados. O item necessidades do utilizador final deverá passar por fóruns de discussão e *brainstorming*. Além disso, o método *benchmarking* (análise de *sites* ou softwares semelhantes) pode ampliar a análise sobre experiência anterior, nos seus aspectos positivos e negativos. No processo de concepção, é importante o espaço para testar tarefas e possíveis dificuldades. O método CCU é um processo que se apóia na importância de capitalizar os conhecimentos anteriores que os utilizadores detêm para os quais os sistemas são desenvolvidos, a fim de reduzir o tempo de aprendizagem e melhorar as condições de usabilidade do produto. Esses estudos de perfil etnográfico utilizam técnicas interativas, como entrevistas semi-estruturadas, dados de observação, enquetes, testes de protótipos para validar as escolhas de modelos adequados. Tais informações serão também importantes no processo de produção de conteúdos.

Hoje, a metodologia mais comum empregada pelos grandes grupos europeus de pesquisa se baseia, em sua grande maioria, nos aportes da sociologia do uso, aliados aos métodos empregados para construção de interfaces homem/máquina na construção de matrizes funcionais.

Os estudos no domínio de concepção de interfaces homem/máquina apontam e reconhecem as limitações dos produtos desenvolvidos com especificações completamente definidas, sem incorporar informações importantes sobre os utilizadores, correndo os riscos quanto à sua aceitação. As seguintes dificuldades encontradas para desenvolver produtos com o método CCU foram registradas num estudo desenvolvido pelo laboratório Intuilab[13]. Eles reconhecem a importância do aporte centrado no utilizador, mas reconhecem as seguintes limitações: o desenvolvimento de protótipos durante a fase de concepção é longo e custoso; existe sempre uma ruptura técnica e humana entre a fase de concepção e a fase do aval para o desenvolvimento; certas escolhas de concepção são difíceis de ser implementadas em função de problemas técnicos, financeiros ou de calendário do projeto. Neste estudo, é recomendado o uso de dois métodos conjuntos e convenientes para adaptar a complexidade do CCU: um ciclo em espiral de concepção (CCU), aliado a um ciclo de desenvolvimento tradicional em V, com três fases.

• Maquetagem: a finalidade dessa fase é testar ao máximo as soluções de tempo e custos, permitir a inovação, estimular a criatividade dos conceptores e favorecer a expressão das necessidades dos utilizadores. Os meios empregados deverão ser rápidos e flexíveis, desde um primeiro desenho gráfico à versão animada;

13.- Disponível em: <http://www.intuilab.com>.

━ maquetagem   ━ prototipagem   ━ desenvolvimento

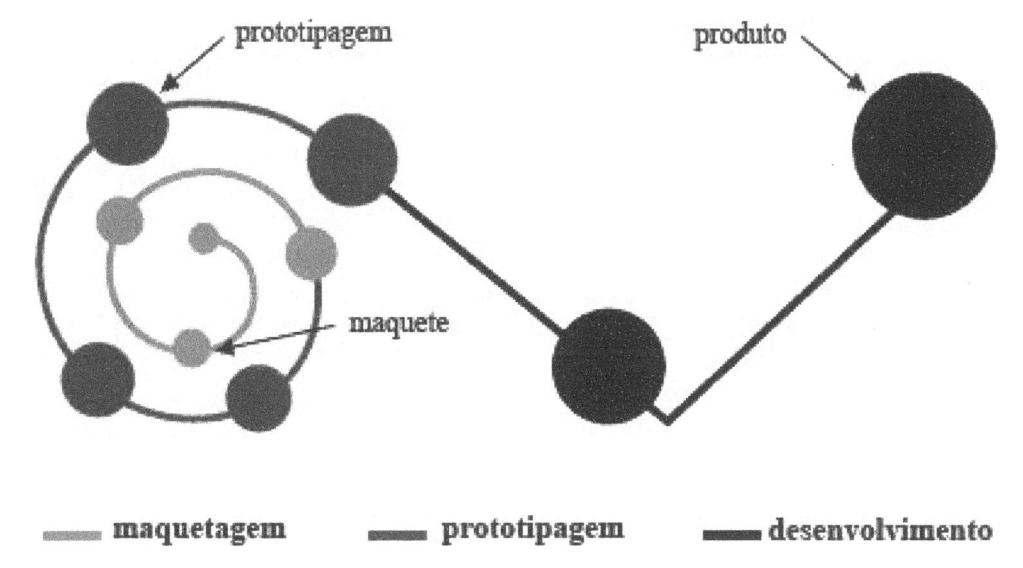

Figura 12 – Ciclo em espiral de concepção – CCU, aliado a um ciclo de desenvolvimento tradicional em três fases

• Prototipagem: esse estágio tem como finalidade aumentar o realismo da maquete, para experimentar e avaliar o sistema em condições o mais próximo possível do produto final. Permite o enriquecimento de funções e tarefas de simular o sistema real;

• Desenvolvimento: o objetivo dessa fase é alcançar e testar a qualidade, a fiabilidade, o desempenho e a documentação. Pode servir para formar operadores na fase de entrega do sistema.

1.2. Ergonomia ITV

A ITV, ao aglutinar as diferentes funções da TV, do computador, do vídeo, do CDI, do CD-ROM, do telefone, da internet e da fotocopiadora, mostra o tamanho dos desafios da pesquisa nesse domínio. A necessidade de confiabilidade dos diversos comandos e programas traz desafios ainda maiores para os conceptores de interfaces. Do espectador passivo ao utilizador ativo, graças aos sistemas de compressão, a relação interativa possível abre outras janelas para se pensar em ergonomias cognitivas. Um centro ativo de rede para comandar, receber, tratar e enviar informação com rapidez e qualidade constitui as perspectivas de uso da ITV.

Os estudos no domínio da ergonomia para ITV aglutinam diversos laboratórios nos Estados-membros da UE, sobretudo na Grã-Bretanha, na França, na Bélgica, na Alemanha e na Dinamarca. Uma vez que a ITV, na Europa, baseia-se em normas de interatividade abertas, é encorajada à inovação técnica de diferentes sistemas para fazer face à iniciativa das plataformas proprietárias. As discussões sobre a ergonomia de interfaces seguem o princípio da possibilidade de pluralismo, evitando os obstáculos da livre circulação de idéias e teorias. Como na *web* a ergonomia de interfaces centradas no utilizador parece ser o caminho mais buscado, a plataforma MHP é tomada como referência, no que concerne à maioria das pesquisas realizadas. Nesse campo, a parceria de universidades, centros de pesquisas, instituições públicas e empresas fundamenta a formação dos grupos interdisciplinares.

Quando se fala em ergonomia ITV, o ponto primordial a ser tomado como parâmetro é a metodologia de concepção do produto, ou modelização centrada no utilizador e baseada em novas perspectivas de ergonomia cognitiva. Esse aporte se situa dentro da perspectiva de concepção de Aparelhos Numéricos Eletrônicos Grande Público – ANEGP. Os domínios teóricos mais preponderantes e utilizados de interação da ergonomia se situam nas contribuições da sociologia do uso, da psicologia, do *design* e do marketing. Esse é um campo de pesquisa muito recente para a ergonomia cognitiva, sobretudo, pela necessidade do aporte interdisciplinar no processo de concepção e da criação de novos conceitos em termos de funções, funcionalidades e dispositivos de entrada e saída da informação, assim como a prática recorrente da análise do uso no âmbito de uma equipe de concepção.

O método mais utilizado recentemente tem sido o *mapping d'influence d'usage*, que se apóia, como ferramenta de concepção, em imagens construídas a partir de valores sociológicos para representar um universo de soluções de novos conceitos. Uma antecipação dos usos futuros da ITV é construída por meio de uma Análise de Tendências Conjuntas – ATC, que geram o *mapping* ou mapa conceitual. A ergonomia da televisão interativa é ainda pouco explorada porquanto é considerada complexa, tanto do ponto de vista tecnológico, quanto do político e do cultural. Três tendências recentes determinam ainda a pouca adaptabilidade da ITV e dos aparelhos digitais para o grande público – os ANEGP: a convergência das funções de comunicação, informação e lazer; a multiplicação das funcionalidades de um único objeto e a diversidade de dispositivos de entrada e saída de informações. Assim, resta para a ITV a possibilidade de desenvolver dispositivos especiais de entrada e saída da informação para assegurar uma maior adaptabilidade. Nesse contexto, o processo de concepção passa a ter uma importância fundamental. Evolui de um papel de corrigir erros, ao longo do desenvolvimento de um produto, para o de criador de conceitos, ao longo do processo de implementação de um produto, passando a desempenhar um papel propositivo na criação de dispositivos de entrada e saída da informação. Isso significa desenvolver a ergonomia da criatividade no seio da equipe interdisciplinar.

O Ministério da Indústria francês define esse domínio de conhecimento como uma associação transversal de disciplinas científicas clássicas, como as ciências humanas e sociais, no que concerne aos estudos do ciclo de vida de um produto, desde a análise das necessidades dos utilizadores finais, até a gestão dos dejetos gerados na sua construção. A ergonomia cognitiva aglutina três pólos: um técnico, um humano e um econômico.

Do ponto de vista mais conceitual, podemos entender o processo de concepção como um nó lacaniano, isto é, não existe possibilidade de nenhuma elaboração lógica sem a existência de um núcleo de paradoxos.

1.3. Modelos de concepção

A grande maioria dos laboratórios europeus trabalha com o modelo ITV de concepção centrado no utilizador. A modelização do processo de concepção e de inovação tem privilegiado as seguintes disciplinas transversais:

- Gestão do conhecimento;
- Modelização sistêmica;
- Trabalho colaborativo;
- Interdisciplinaridade.

A questão da ergonomia de interfaces ITV tem como ponto de referência os modelos de interação homem/máquina, mas são muitos os debates que apontam para a necessidade de discutir modelos interativos para além dessa questão. Os estudos sociológicos sobre usabilidade se colocam como o grande desafio. O modelo centrado no utilizador leva à discussão do esforço de construção de equipes transdisciplinares para criar métodos e ferramentas de aplicações interativas em função da preocupação dos processos de aprendizagens mais amplos. Grande parte dos estudos no domínio da ergonomia se situa claramente na parte informática do domínio, mais particularmente, nos aspectos ligados à produção de softwares, que residem, em geral, nos princípios das ciências cognitivas ou do modelo de processador humano: modelos psicológicos (GOMS, MHP e Modelo de Ação) que fazem hipóteses sobre a cognição e o pensamento humanos, os quais têm inspirado as pesquisas sobre inteligência artificial.

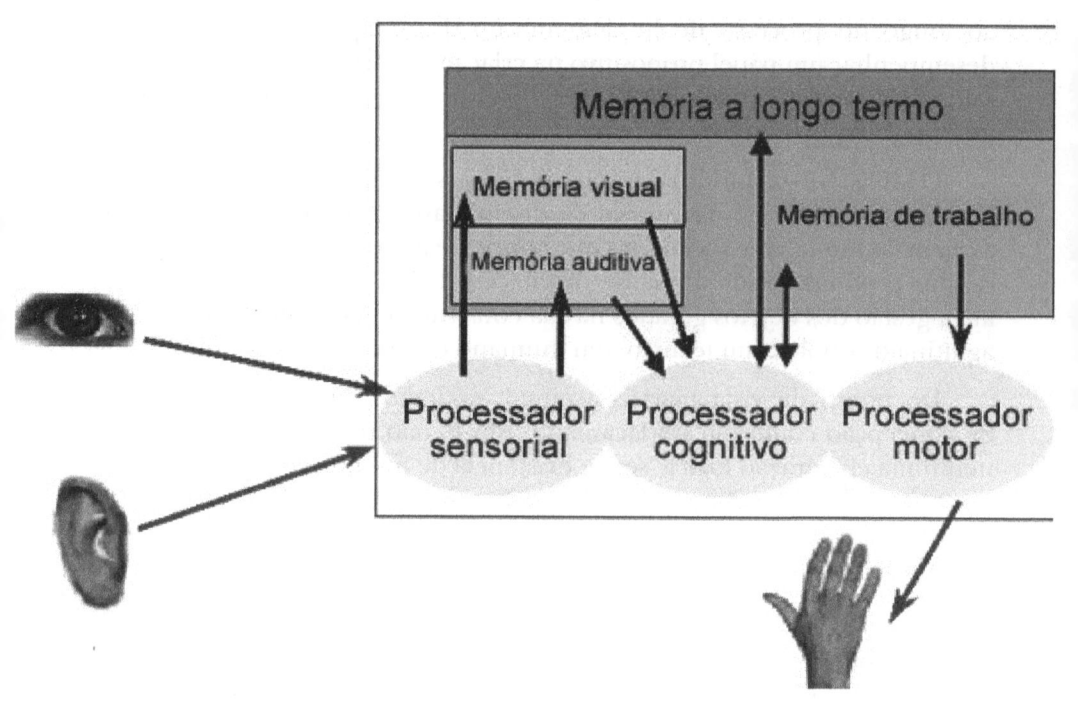

Figura 13 – Modelo de processador humano, disponível em: http://fst.univ-corse.fr

As limitações apresentadas por esses modelos residem, sobretudo, no fato de negligenciarem os aspectos sociológicos e culturais dos seres humanos como utilizadores finais. Isso explica o fato da ênfase dada, no momento, aos estudos da sociologia do uso, como parte dos projetos de concepção de produtos para utilização do grande público[14].

Um exemplo de rede de pesquisa interdisciplinar que busca estudos avançados sobre ergonomia, na perspectiva de novos métodos de concepção, pode ser visto na França. Diversos organismos de pesquisa e inovação, por meio do Laboratoire de Produits et Innovation – ENSAM funcionam de maneira coletiva, apoiados num conselho de laboratório que acompanha o desenvolvimento de grupos de trabalho para a produção de teses e revistas de teses, com reuniões permanentes para discussão e orientação conjunta de trabalhos. No plano de colaboração científica, trabalha-se com três laboratórios internos, dez laboratórios nacionais, grandes escolas mundiais, como MIT, Cambrige etc. Para facilitar o trabalho cooperativo, várias redes, tais como o Collège d'Études et de Recherches en Design e Concepção – CONFERE, o Réseau des Université Francophone pour

---

14. Ver Hudson, S. E.; John, B. E.; Knudsen (1999).

l'Enseignement et la Recherche En Qualité et sûreté de fonctionnement – RUFEREQ, foram criadas, além de redes de parceria com indústrias que trabalham com a concepção de produtos. Essas atividades contribuem para produzir, formalizar e difundir conhecimentos, realizar eventos técnico-científicos e construir projetos interdisciplinares. Existem exemplos com extensão visível em vários outros países da UE. A fundação Fondation pour l'Innovation dans la Recherche Industrielle en Europe – INRIE é encarregada de incentivar a difusão de informações científicas e acelerar a troca de informações entre os Estados-membros.

1.4. Modelos de concepção e a pedagogia do uso

A análise de modelos de concepção de produtos destinados ao grande público, tendo como ponto de ancoragem a possibilidade de pluralidade de formas de acesso e a democracia cultural, é uma questão muito discutida na União Européia: os problemas heterogêneos ligados à formação quer técnica ou humana. As implicações teórico-metodológicas já são amplamente discutidas em eventos diversos. Os resultados de pesquisas estão disponíveis em *workshops*, teses, dissertações e relatórios técnicos. As grandes questões temáticas podem ser assim sistematizadas:

- **Psicopedagógicas** – Como os utilizadores finais organizam e produzem o conhecimento, utilizando os dispositivos hipermídias? Que fundamentos epistemológicos propiciam esses dispositivos? Qual o estatuto de apropriação do saber que os dispositivos hipermidiáticos propiciam no processo geral de aprendizagem social?

- **Psicoergonômicas** – As interfaces hipermídia permitem a navegação, a interação e a apropriação do conhecimento de forma interativa? Como o utilizador se sente representado no funcionamento do processo? Sobre que capacidades e atividades específicas repousa a utilização de um suporte? As interfaces propiciam aprendizagens abertas e compartilhadas? Que tipos de formação de *groupwares* são viabilizados? O trabalho ergonômico é, do ponto de vista pedagógico (Psicopedagógico), satisfatório? A ergonomia do produto permite a utilização das representações mentais dos utilizadores?

- **Psicossociológicas** – Em que medida os utilizadores aceitam uma relação pedagógica fundada sobre uma interação com uma máquina? Que dispositivos facilitam a ampliação da interação homem/máquina bem como pessoa/pessoa? Que novas relações interativas entre pessoas são implicadas nos processos de aprendizagem veiculada? As representações simbólicas e interculturais são passíveis de representação? Qual o peso do contexto social na concepção de dispositivos hipermidiáticos?

As discussões apontadas no conjunto de documentos analisados levam a questionamentos sobre as possibilidades propriamente pedagógicas de um suporte informático que vise à ampliação da inteligência social, isto é, da inteligência coletiva. Parece certa a tentativa proeminente de fazer face à importância da ultrapassagem de métodos de transmissão simples da informação a todos os utilizadores, isto é, depassar a primazia do aspecto ergonômico sobre o aspecto psicopedagógico do processo de utilização de um dispositivo multimidiático. Essa tensão permanente entre ergonomia e aprendizagem faz avançar a necessidade de um trabalho de concepção fundamentado na relação colaborativa dos setores especializados envolvidos.

Sendo as estratégias de pesquisa e desenvolvimento de novos produtos atreladas aos projetos de queda do desemprego, geração de renda e formação profissional e humana, em todos os domínios do conhecimento, é dinâmica e ampla a forma como os diversos setores sociais, instituições e empresas constroem um horizonte conjunto de possibilidades de desenvolvimento. Sem negligenciar a força e as estratégias do mercado, a articulação dialógica é bem construída, e os frutos de ações conjuntas são visíveis.

1.5. ITV e desenvolvimento sustentável

A expressão desenvolvimento sustentável se encontra como eixo condutor fundamental dos projetos de pesquisa e desenvolvimento de produtos hipermidiáticos no seio da UE. A concepção de desenvolvimento sustentável designa um tipo de desenvolvimento que responde às necessidades de hoje, sem comprometer a aptidão das gerações futuras a satisfazerem suas necessidades. Nos relatórios de projetos estratégicos que foram analisados, inclusive o Relatório da Comissão Mundial do Meio Ambiente e Desenvolvimento (Commission Mondialede l'environnement et du Développement, 1987), o desenvolvimento sustentável aparece como um tema complexo e desafiador com dimensões econômicas, ambientais e sociais de interesse mundial e, não somente, de alguns países.

Por implicar a melhoria da qualidade de vida, falar em pesquisa e desenvolvimento tecnológico significa pensar na utilização eficaz e responsável das fontes raras da sociedade, sejam elas naturais, humanas ou econômicas.

Assim, a questão da formação é entendida como uma associação fundamental com as aplicações práticas da produção em ciência e tecnologia. O conceito de formação é estritamente ligado ao conceito de sociedade viável, isto é, um tipo de sociedade visionária que perdura para além das gerações que estão atreladas ao presente. Assim, o conceito de aprendizagem vem sendo atrelado à capacidade de se projetar o futuro, para que cada sociedade seja capaz de construir cidadania. O acesso aos produtos hipermídia é considerado um direito de todos os cidadãos europeus.

O comportamento individual, dentro do contexto europeu de construção da sociedade cognitiva, implica o entendimento de que o crescimento de cada pessoa e sua posição com relação a uma vida viável resultam no acesso aos bens de consumo padrão: educação, cultura, lazer e trabalho. A aprendizagem permanente não é entendida como um conceito teórico, mas por causa das políticas públicas empreendidas, como uma tentativa de melhorar a qualidade de vida pelo usufruto dos resultados dos projetos que estão sendo implementados.

Nesse contexto, os projetos de implementação ITV são considerados estratégicos devido ao fato de poderem maximizar a convergência tecnológica, como viabilizadores de aprendizagens formais e não formais, importantes para a inclusão social e digital.

Nesse sentido, a MHP, por ser uma plataforma aberta, é considerada como estratégia no processo de fortalecimento da sociedade cognitiva.

A tensão oriunda das negociações com os produtores de plataformas proprietárias gerou entraves, o que justifica certo atraso nas políticas de implementação da ITV. A Inglaterra, a Espanha e a França são os países que se colocaram na linha de frente das políticas ITV. A França apresenta um avanço importante nesse domínio, com o maior número de canais digitais terrestres por ondas hertzs. Estão no ar 14 canais gratuitos que nasceram de uma tensão longa, como grupos audiovisuais privados, tendo como carro-chefe o império *France 1*. O calendário do projeto foi longo. Sete anos de gestação, com batalhas técnicas, recursos a instâncias constitucionais. Foram produzidos cerca de dez relatórios, duas revisões sobre a lei de audiovisual e vários recursos ao Conselho de Estado.

Enfim, a televisão digital para todos, na França, nasceu quase por infração, revelando uma nova paisagem do audiovisual. Dezessete milhões de lares franceses que tinham acesso a somente seis canais analógicos têm acesso atualmente a vinte canais digitais.

Assim, as orientações técnicas para ITV são fundamentadas em estudos científicos sobre as necessidades dos utilizadores, porquanto essa mídia se coloca como uma possibilidade revolucionária de ferramenta de apoio à aprendizagem social.

O conceito de desenvolvimento sustentável está também atrelado à concepção de **aprendizagem ao longo da vida** (*lifelong learning*), que estimula o indivíduo a adquirir todos os conhecimentos, valores, competências e compreensão que lhe são necessários para a satisfação de suas necessidades de sobrevivência, incluindo os papéis sociais que a sociedade lhe impõe.

Parte II

PANORAMA INTERNACIONAL DA TELEVISÃO DIGITAL INTERATIVA

Capítulo 4*

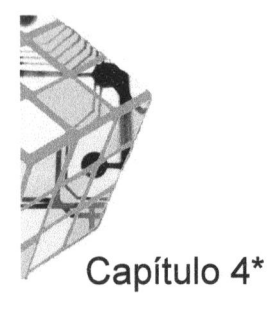

PADRÕES PARA CODIFICAÇÃO E TRANSPORTE AUDIOVISUAIS

1. A FAMÍLIA MPEG

Com o intuito de estabelecer padrões internacionais para a representação e codificação de informações audiovisuais em formato digital, a ISO – International Organization for Standardization e a IEC – International Electrotecnical Commission formaram o grupo MPEG – Motion Picture Coding Experts Group, que iniciou seus trabalhos em maio de 1988. A família de padrões produzidos por esse grupo ficou popularmente conhecida como padrões MPEG e inclui, entre outros, os conjuntos de padrões MPEG-1, MPEG-2 e MPEG-4. Esses padrões são apresentados a seguir.

MPEG-1

O padrão MPEG-1, estabelecido em 1992, foi desenvolvido para prover esquemas de codificação de áudio e vídeo com boa qualidade e baixas taxas de bits. Os esquemas de codificação definidos nesse padrão visam obter taxas de 1,5 Mbps para vídeo e 192 kbps para áudio, compatíveis com aplicações em CD-ROM, Vídeo-CD, CD-i, podendo fornecer qualidade similar a VHS. O MPEG-1 é especificado no conjunto de padrões ISO/IEC 11172, cuja composição é apresentada sucintamente no quadro 6.

---

* Por Edna G.de G. Brennand, Guido Lemos de Souza Filho, Jorge Henrique Cabral Fernandes e Gledson Elias da Silveira.

Padrão	Nomenclatura
ISO/IEC 11172-1 [ISO93a]	Sistemas
ISO/IEC 11172-2 [ISO93b]	Vídeo
ISO/IEC 11172-3 [ISO93c]	Áudio
ISO/IEC 11172-4 [ISO95]	Conformance testing
ISO/IEC 11172-5 [ISO98a]	Software simulation

Quadro 6 – Padrões MPEG-1

MPEG-1 Áudio

O padrão ISO/IEC 11172-3 (MPEG-1 Áudio) [ISO93c] define três camadas de codificação de áudio, denominadas MP1, MP2 e MP3. Quanto maior o número da camada, mais complexa é a codificação, a sintaxe dos dados gerados e a decodificação. Desse modo, espera-se que a qualidade do áudio codificado aumente na seqüência MP1, MP2 e MP3, quando são usadas uma mesma taxa de amostragem e de bits. Todas as camadas do MPEG-1 Áudio podem codificar áudio com um (monofônico) ou dois canais (separados, *stereo* ou *joint stereo*). A taxa de amostragem utilizada pode ser de 32, 44.1 ou 48 kHz.

A tabela 1 ilustra uma comparação entre as 3 camadas em relação à taxa de bits por canal, taxa de compressão atingida e ao retardo mínimo e máximo na codificação e decodificação.

Camadas	Taxa de bits (kbps)	Taxa de compressão	Retardo mínimo (ms)	Retardo máximo (ms)
MP1	32 a 448	4:1	19	50
MP2	32 a 384	6:1	35	100
MP3	32 a 320	12:1	19	150

Tabela 1 – Comparação entre MP1, MP2 e MP3

MPEG-1 Vídeo

O padrão MPEG-1 Vídeo explora dois tipos de redundância existentes na mídia de vídeo: a espacial e a temporal. A redundância espacial refere-se à semelhança existente entre amostras (*pixels*) de um mesmo quadro, ou figura. Essa é uma característica das imagens estáticas, que podem apresentar regiões em que os valores das amostras vizinhas são bastantes semelhantes. A redundância temporal refere-se à semelhança existente entre amostras de diferentes quadros, ou seja, à característica de que as imagens em um fluxo de vídeo normalmente não mudam significativamente em um curto intervalo de tempo. Essa característica apresenta-se mais acentuada em trechos de vídeos com pouco movimento e poucas mudanças de cena, nos quais os quadros consecutivos são bastante semelhantes.

Para fazer uso das redundâncias espacial e temporal, o padrão MPEG-1 define quatro tipos de quadros codificados. Os quadros do tipo I (*Intracoded picture*) são codificados utilizando-se apenas a redundância espacial, ou seja, a codificação de quadros I necessita apenas das informações contidas no quadro original. A codificação de quadros do tipo P (*Predictive coded picture*) utiliza a redundância temporal pela predição baseada no quadro do tipo I ou P imediatamente anterior. Os quadros do tipo B (*Bidirectionally predictive coded picture*) são codificados fazendo uso da redundância temporal pela predição baseada nos quadros dos tipos I ou P anterior e posterior ao quadro sendo codificado. Finalmente, quadros do tipo D (DC *coded pictures*) são codificados utilizando-se apenas a redundância espacial, tal como os quadros do tipo I, mas contêm apenas as freqüências mais baixas de uma imagem. A codificação de quadros do tipo D auxilia na disponibilização dos modos *fast-forward* e *fast-rewind*.

O padrão MPEG-1 permite a codificação de imagens de até 4096 x 4096 *pixels* e taxas de até 60 quadros por segundo. A maioria das aplicações, no entanto, utilizam o formato SIF – Standard Image Format, que possui resolução de 352 x 240 *pixels*, para o formato NTSC, e de 352 x 288 *pixels* para o formato PAL.

MPEG-1 Sistemas

O padrão MPEG-1 Sistemas define a forma como os fluxos de mídia, comprimidos segundo os padrões MPEG-1 Vídeo e MPEG-1 Áudio, e outros fluxos de dados são combinados para formar um fluxo único adequado para a transmissão e o armazenamento. As principais funções suportadas pelo MPEG-1 Sistemas são a sincronização dos fluxos elementares, o gerenciamento de *buffers* nos decodificadores, o mecanismo de acesso aleatório e a identificação do tempo absoluto do programa codificado, ou seja, a base de tempo utilizada no codificador durante o processo de codificação.

MPEG-2

O padrão MPEG-2 foi iniciado em 1990 e publicado em 1995. O objetivo desse padrão é obter, para sinais de vídeo, taxas entre 1,5 Mbps e 15 Mbps, adequadas para sinais de televisão padrão (SDTV – Standard Definition Television), e entre 15 Mbps e 30 Mbps, para sinais de televisão de alta definição (HDTV – High Definition Television). É importante ressaltar que o padrão MPEG-1, mencionado anteriormente, é um subconjunto das possibilidades permitidas no padrão MPEG-2. Porém, para taxas inferiores a 3 Mbps, o padrão MPEG-1 pode apresentar maior eficiência que o MPEG-2. O MPEG-2 é descrito no conjunto de padrões ISO/IEC 13818, conforme ilustrado no quadro 7.

Padrão	Nomenclatura
ISO/IEC 13818-1 [ISO00a]	Sistemas
ISO/IEC 13818-2 [ISO00b]	Vídeo
ISO/IEC 13818-3 [ISO98c]	Áudio
ISO/IEC 13818-4 [ISO98d]	*Compliance testing*
ISO/IEC 13818-5 [ISO97d]	*Software simulation*
ISO/IEC 13818-6 [ISO98e]	*Extensions for DSM-CC*
ISO/IEC 13818-7 [ISO04a]	*Advanced audio coding*
ISO/IEC 13818-9 [ISO97e]	*Extensions for real-time interfaces for system decoders*
ISO/IEC 13818-10 [ISO99]	*Conformance extensions for DSM-CC*
ISO/IEC 13818-11 [ISO04b]	IPMP *on* MPEG-2 Sitemas

Quadro 7 – Padrões MPEG-2

No âmbito do ITU-T – International Telecommunication Union – Telecommunication Standardization Sector, os padrões MPEG-2 Sistemas e MPEG-2 Vídeo estão descritos, respectivamente, nas recomendações H.222.0 [ITU00a] e H.262 [ITU00b].

MPEG-2 Áudio

Semelhante ao MPEG-1 Áudio, o MPEG-2 Áudio (padrão ISO/IEC 13818-3) [ISO98c] também possui três camadas de codificação que geram fluxos MP1, MP2 e MP3. Porém, no MPEG-2 Áudio são definidos dois novos padrões de áudio: MC – Multi Channel e LSF – Low Sampling Frequencies.

O MPEG-2 Áudio MC define um formato compatível com o MPEG-1 Áudio e acrescenta, opcionalmente, canais de *surround*. Dessa forma, um decodificador MPEG-2 Áudio é capaz de reproduzir áudio codificado como MPEG-1 Áudio do mesmo modo que um decodificador MPEG-1 Áudio. Porém, um decodificador MPEG-1 Áudio reproduz áudio codificado como MPEG-2 Áudio MC, desconsiderando as extensões do formato de dados acrescentadas pelo novo padrão, ou seja, desconsiderando os canais de *surround*.

Os canais de *surround* do MPEG-2 Áudio MC seguem a configuração 5.1, também conhecida como 3/2/1. Nesse tipo de configuração de *surround*, o áudio é distribuído por três canais para os sons frontais (frontal, frontal-esquerdo, frontal-direito), dois canais para os sons laterais e traseiros (*surround* esquerdo e *surround* direito) e um sexto canal, chamado *subwoofer*, que reproduz sinais de baixa freqüência e é normalmente localizado na parte frontal. Detalhes sobre a configuração 5.1 podem ser encontrados em [ITU94].

O MPEG-2 Áudio LSF define um formato bastante semelhante ao MPEG-1 Áudio. A diferença entre eles é que a taxa de amostragem suportada pelo novo padrão pode ser de 16, 22.05 ou 24 kHz.

O requisito de compatibilidade do MPEG-2 Áudio com o MPEG-1 Áudio restringiu oportunidades de compactação na codificação dos canais de *surround*. Isso ocasionou a criação de um novo padrão, o ISO/IEC 13818-7 (AAC – Advanced Audio Coding) [ISO04a], que possui as seguintes características:

- Número de canais: de 1 a 48;
- Taxa de amostragem: de 8 a 96 kHz;
- Taxa de bits: até 576 kbps (somando todos os canais).

Utilizando o AAC, é possível obter uma taxa de compressão de 16:1, mantendo a qualidade de um áudio de CD. Dada a variedade de configurações possíveis para número de canais e taxas de amostragem e de bits, o AAC define um conjunto de perfis de configuração padrão [PeEb02]:

- Low-complexity – LC: codificador eficiente (com restrições) com complexidade moderada.
- Main: superconjunto do perfil LC, com maior complexidade e eficiência e sem restrições.

- Scalable sampling-rate – SSR: codifica fluxo em até três camadas complementares. A qualidade final varia desde menos do que o perfil LC até o perfil Main.

MPEG-2 Vídeo

O padrão ISO/IEC 13818-2 (MPEG-2 Vídeo) [ISO00b], em adição às técnicas utilizadas no padrão MPEG-1 Vídeo, define perfis e níveis de codificação de vídeo, segundo os quais restrições de codificação são estabelecidas. Um perfil é um subconjunto de todos os algoritmos de codificação que podem ser utilizados no MPEG-2 Vídeo. Um nível impõe restrições sobre os valores que determinados parâmetros (número de amostras por linha, número de linhas por quadro, número de quadros por segundo) podem assumir em um vídeo a ser codificado conforme o MPEG-2. Essas definições objetivam facilitar a interoperabilidade entre as várias implementações do padrão.

1.1. *Middleware*

Middleware é o neologismo criado para designar camadas de software que não constituem diretamente aplicações, mas que facilitam o uso de ambientes ricos em tecnologia da informação. A camada de *middleware* concentra serviços como identificação, autenticação, autorização, diretórios, certificados digitais e outras ferramentas para segurança.

No contexto de TV digital, o *middleware* vem a ser o software que controla suas principais facilidades (grade de programação, menus de opção), inclusive a possibilidade de execução de aplicações, dando suporte à interatividade. O *middleware* é um elemento capaz de fornecer uma abstração do sistema para as aplicações e os usuários, escondendo toda a complexidade dos mecanismos definidos pelos hardware, software e interfaces de comunicação do aparelho receptor do sinal de televisão digital. Dessa forma, a padronização de uma camada de *middleware* permite a construção de aplicações independentes do hardware e do sistema operacional, executáveis em qualquer plataforma de qualquer fabricante.

Para que as aplicações desenvolvidas por diferentes emissoras, assim como as aplicações hoje disponíveis em outras redes de comunicação, possam ser executadas no terminal de acesso do sistema de TV digital, é necessária a definição de uma plataforma única de execução/apresentação. Essa abstração é fornecida pelo *middleware*, que especifica os serviços disponíveis às aplicações. Para ter-se um entendimento de como um *middleware* atua, suas características, funcionalidades e serviços, faz-se necessário contextualizar o seu uso. Tendo como objetivo central a análise dos modelos para *middleware*, é de vital importância a especificação da interação entre a camada de *middleware* e as camadas imediatamente superior e inferior de uma arquitetura para serviços de TV digital. A camada inferior provê o serviço de transporte dos dados e utilização de recursos do terminal, enquanto que a camada superior é composta pelos aplicativos e serviços do sistema de TV digital.

1.2. Arquitetura básica de um sistema de televisão digital

O único fator considerado fixo dentre as opções atuais de plataformas de TV digital é a adoção do padrão MPEG-2 Sistemas, o que traz em seu bojo um imenso conjunto de soluções que definem a arquitetura básica de sistemas de TV Digital, cujos elementos são apresentados na tabela 6. A adoção do padrão MPEG-2 confere grande capacidade de interoperabilidade entre os diversos subsistemas de uma plataforma de TV digital. Os elementos com cores escuras na figura 16 representam os principais módulos adicionais acrescidos pela arquitetura MPEG-2 ao cenário de plataformas de TV digital.

1.3. Impacto da TV digital sobre o estúdio

No estúdio de TV digital a câmera tem uma maior resolução de linhas e colunas. Destaca-se também a presença do codificador MPEG (Tektronix, 2002), responsável principalmente por aplicar técnicas de compressão temporal e espacial de imagens a um sinal de vídeo digital, originalmente em formato quadro a quadro, a fim de produzir um fluxo de *streams* elementares de A/V, que no caso de codificação digital para o vídeo obtém taxas de compressão que chegam a 1 bit comprimido para cada 70 bits da codificação sem compressão. *Streams* de A/V comprimidos são facilmente armazenáveis em um meio permanente como um DVD – Digital Video Disk. No estúdio, destaca-se também que a ilha de edição passa a ser não-linear, pois as cenas não são mais armazenadas em fitas (acesso linear), mas sim em dispositivos de acesso direto (não-linear), como discos rígidos e DVDs. Para distribuição dos programas para a central os arquivos podem ser transmitidos por uma rede local de computadores, reduzindo a quantidade de cabeamento e o transporte de fitas ou mesmo DVDs. Para transmissões em espaço urbano ou à longa distância o estúdio pode também dispor de um streamer, detalhado a seguir.

1.4. Impacto da TV digital sobre a central de produções

Na central de produções (agora chamada de provedora de serviços) são introduzidos dois elementos: streamer e multiplexador. O streamer (também chamado de empacotador TS) é responsável por transmitir e receber *streams* (fluxos) de transporte MPEG-2 (MPEG-2-TS), a partir da segmentação de *streams* elementares de A/V. O streamer facilita a geração de fluxos que podem ser transmitidos por redes de computadores de média e longa distância com grande qualidade e custo reduzido (Broadcast Papers, 2004c). O uso de streamers reduz a necessidade de *links* de satélite pela central de produções. Combinado com o uso do multiplexador, o streamer aumenta fortemente a capacidade de integração da central com uma maior quantidade de estúdios, inclusive externos, o que permite uma maior oferta de programas.

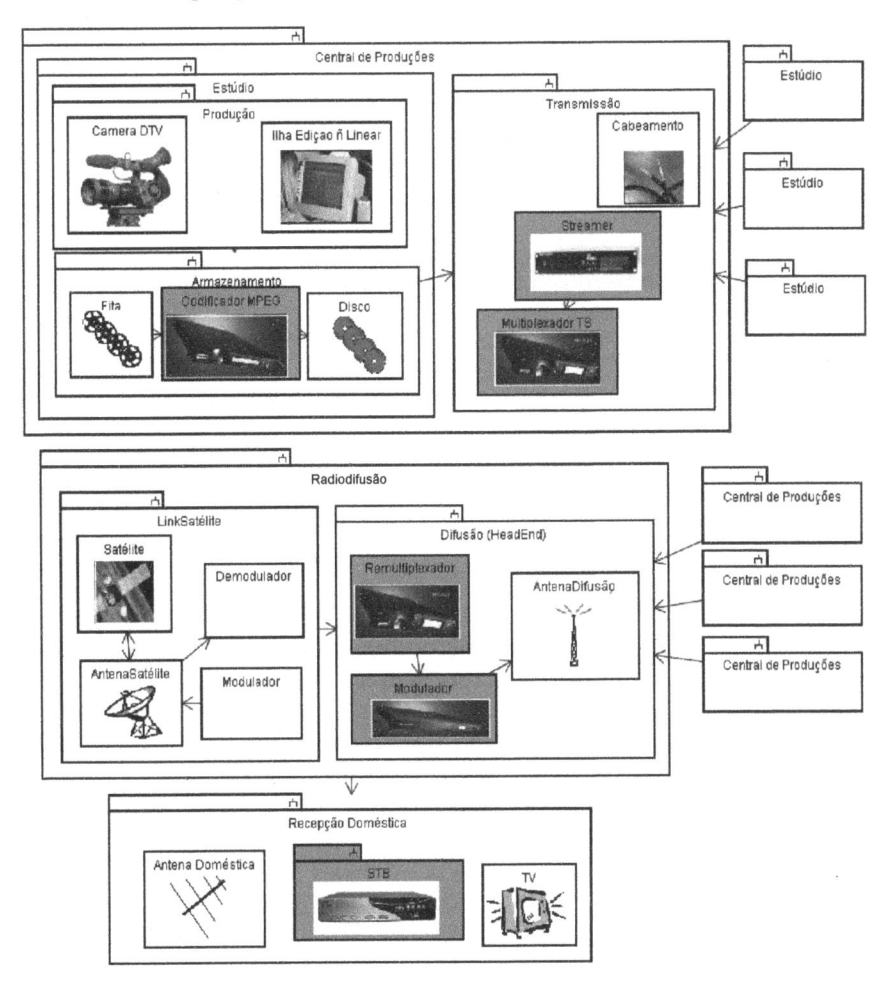

Figura 14 – Arquitetura de sistemas de TV digital

1.5. Impacto da TV digital sobre a radiodifusão

A aplicação de técnicas de compressão aos sinais televisivos permite que, no mesmo espaço de banda passante terrestre (canal UHF/VHF) por onde hoje trafega um sinal analógico, seja possível transmitir pelo menos 4 programas com qualidade superior. Esse espaço adicional pode ser usado para transmitir programas e dados adicionais. Desse modo, no subsistema de radiodifusão (ou rede de difusão) é introduzido um módulo de multiplexação, normalmente chamado de remultiplexador (Broadcast Papers, 2004c). O remultiplexador é responsável por fazer a multiplexação entre os vários TS gerados por uma ou mais centrais de produção. Além de permitir a transmissão de mais programas em um único espaço de banda (canal), a remultiplexação pode ter outras funções, dentre as quais se destacam:

• Renomear os identificadores dos programas e fluxos elementares enviados pelas centrais para evitar colisão de identificadores;

• Eliminar, substituir ou inserir programas e fluxos de dados que serão veiculados;

• Inserir informações gerais sobre a programação dos vários canais veiculados;

• Proteger programas cujo conteúdo é consumido por meio de pagamento (*pay-per-view*).

A introdução do remultiplexador permite ao difusor operar uma maior quantidade de centrais de produção (provedores de serviços), o que aumenta a oferta de conteúdo e canais.

1.6. Impacto da TV digital sobre a recepção doméstica

O subsistema de recepção doméstica de TV digital necessita de um STB que seja capaz de receber, demodular, decodificar e remodular o sinal televisivo que será apresentado pela TV. O STB é um equipamento digital com capacidade de processamento de sinais de áudio e vídeo, e eventualmente capacidade de execução de programas. O sinal de A/V gerado na saída do STB pode ser compatível com televisores analógicos. Detalhes sobre a arquitetura do STB são apresentados a seguir.

1.7. Novos conceitos introduzidos no modelo de TV digital

A arquitetura geral de TVD apresentada acima introduz uma série de conceitos que apóiam novos modelos de negócios, fundamentais para o sucesso da mudança tecnológica para a TV digital. A figura 15 apresenta as principais relações entre estes conceitos, conforme definidos no modelo DVB – Digital Video Broadcasting (DVB, 2004).

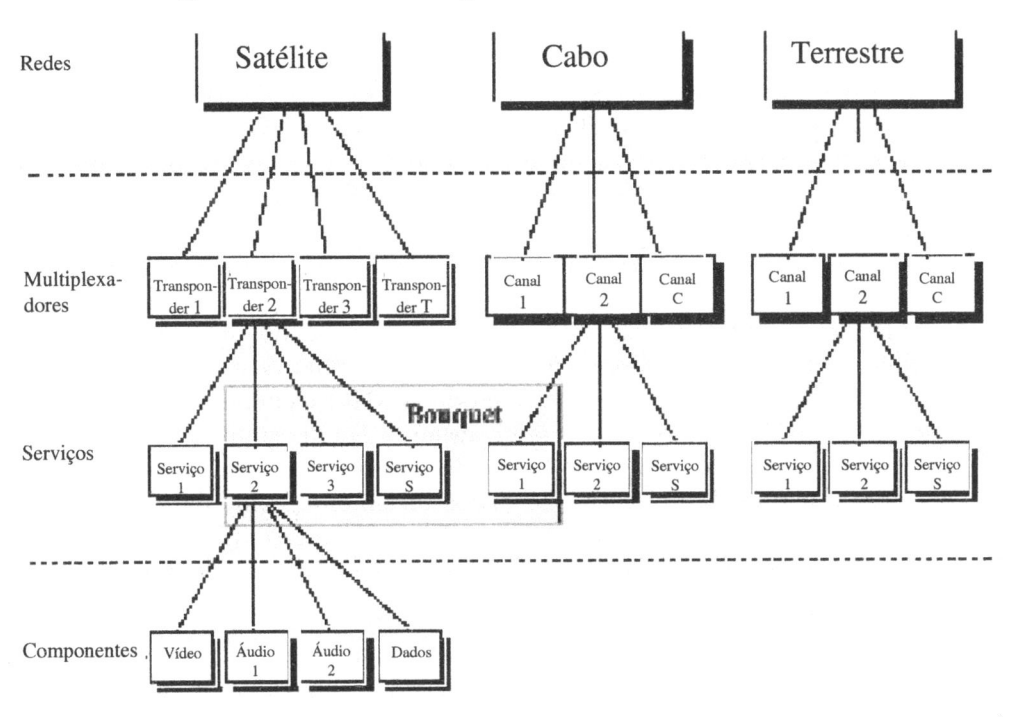

Figura 15 – Modelo de entrega de serviços na plataforma DVB (DVB, 2004)

No modelo de consumo de serviços de TV digital o elemento atômico de produção de mídia é chamado de evento. Um evento é um agrupamento de *streams* elementares (A/V/D) com um tempo definido de início e fim, como a primeira parte de uma novela ou o primeiro tempo de uma partida de futebol. Um programa é uma concatenação de um ou mais eventos produzidos por um estúdio, como um capítulo de novela ou um *show*. Um serviço é uma seqüência de programas (programação) controlada por um difusor, que tem por objetivo atingir uma determinada audiência, e que é veiculado em uma determinada faixa de horários. O serviço é a principal **unidade de produção e consumo** na TV digital. Uma central de produções pode compor um conjunto de serviços (programação) produzidos por vários estúdios, formando o que se chama de *bouquet*. *O bouquet* é, portanto, a **unidade de distribuição das programações** de uma central de produções. Os *bouquets* produzidos pelas centrais são remultiplexados pelas redes de rádiodifusão, que canalizam um ou mais serviços pela alocação dos sinais em uma faixa do espectro eletromagnético.

1.8. Arquitetura de sistemas de TV digital pseudo-interativa

A capacidade de interatividade da TV digital se deve à presença de três elementos: gerador de carrossel, multiplexador e STB interativo (Broadcast Papers, 2004d). O gerador de carrossel é capaz de transformar um conjunto de arquivos de dados em um fluxo elementar, empregando um esquema de transmissão cíclica de dados. O multiplexador é capaz de fundir um ou mais fluxos de dados aos fluxos de áudio e vídeo que compõem os eventos e programas, os quais por sua vez compõem os serviços consumidos pela audiência. O STB interativo possui capacidade de processamento computacional, sendo capaz de interpretar computacionalmente os fluxos de dados multiplexados. Desse modo, o STB executa uma aplicação que exibe na TV uma interface com o usuário. Isdo permite à audiência interagir com o programa de TV pelo teclado ou controle remoto. Ao entregar à audiência um fluxo de dados localmente computável, a TV digital se torna interativa. Caso o resultado da interação entre o usuário e o STB fique restrito ao subsistema de recepção doméstica, o modelo é chamado de TV digital pseudo-interativa (Enhanced DTV).

Uma expansão do modelo de pseudo-interatividade permite que o STB envie e receba dados adicionais por meio de um canal de interação (retorno), estabelecido via modem, por exemplo. Nesse caso, o resultado da interação com o usuário pode ser avaliado em tempo quase real por um provedor de serviços vinculado à rede de TVD, resultando no modelo chamado de TV digital interativa (*interactive DTV*).

A figura 16 apresenta os elementos que definem a arquitetura geral de sistemas de TV digital pseudo-interativa (*enhanced DTV*). Na EDTV existe um estúdio especializado, chamado estúdio dados, que realiza dois novos processos:

• Produção dados, o que envolve geração de videotexto e páginas HTML;

• Produção aplicações, que envolve desenvolvimento de software.

O estúdio dados disponibiliza seus resultados para o subsistema de transmissão de dados, que contém um gerador de carrossel, responsável por transmitir um fluxo elementar de dados (e aplicações) a partir dos dados do estúdio. Este fluxo D (Dados) é sincronizado com os fluxos A/V. Os fluxos A/V/D são recebidos pelo STB (pseudo-)interativo. Os dados e programas são interpretados e produzem interação local, que se dá principalmente por meio do controle remoto.

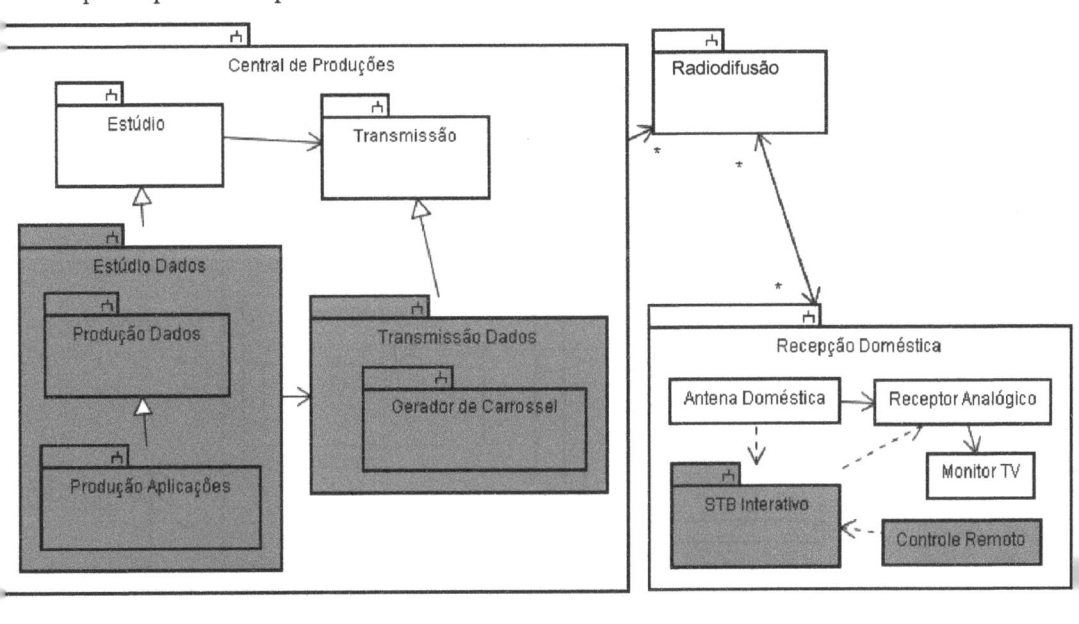

Figura 16 – Arquitetura geral de sistemas de TV digital pseudo-interativa

A figura 17 apresenta a arquitetura geral de sistemas de TV digital interativa, com indicação dos elementos adicionais relativos à TV pseudo-interativa. Na arquitetura de TVDI destaca-se a presença de um provedor de acesso, ao qual o STB interativo conecta-se para enviar e/ou receber dados resultados do processo de interação local. Essa conexão pode ser feita por um modem ou por outro meio alternativo. O provedor de acesso contém um *gateway* para acesso à internet, e desta forma o STB interativo pode ter acesso a dados e serviços da internet. A fim de desenvolver um modelo de negócios que produza resultados econômicos mais relevantes na TVDI, o STB é normalmente direcionado a interagir com um provedor de serviço específico, que oferta um produto ou serviço fortemente relacionado ao conteúdo de A/V/D do evento televisivo produzido na central. As seções que se seguem apresentam maiores detalhes da arquitetura dos subsistemas STB interativo e gerador de carrossel. Os componentes multiplexador e demultiplexador apóiam praticamente toda a flexibilidade de operação da TV digital e são fundamentais para compreensão da arquitetura de sistemas de TVDI. O funcionamento e a arquitetura desses componentes já foram descritos anteriormente.

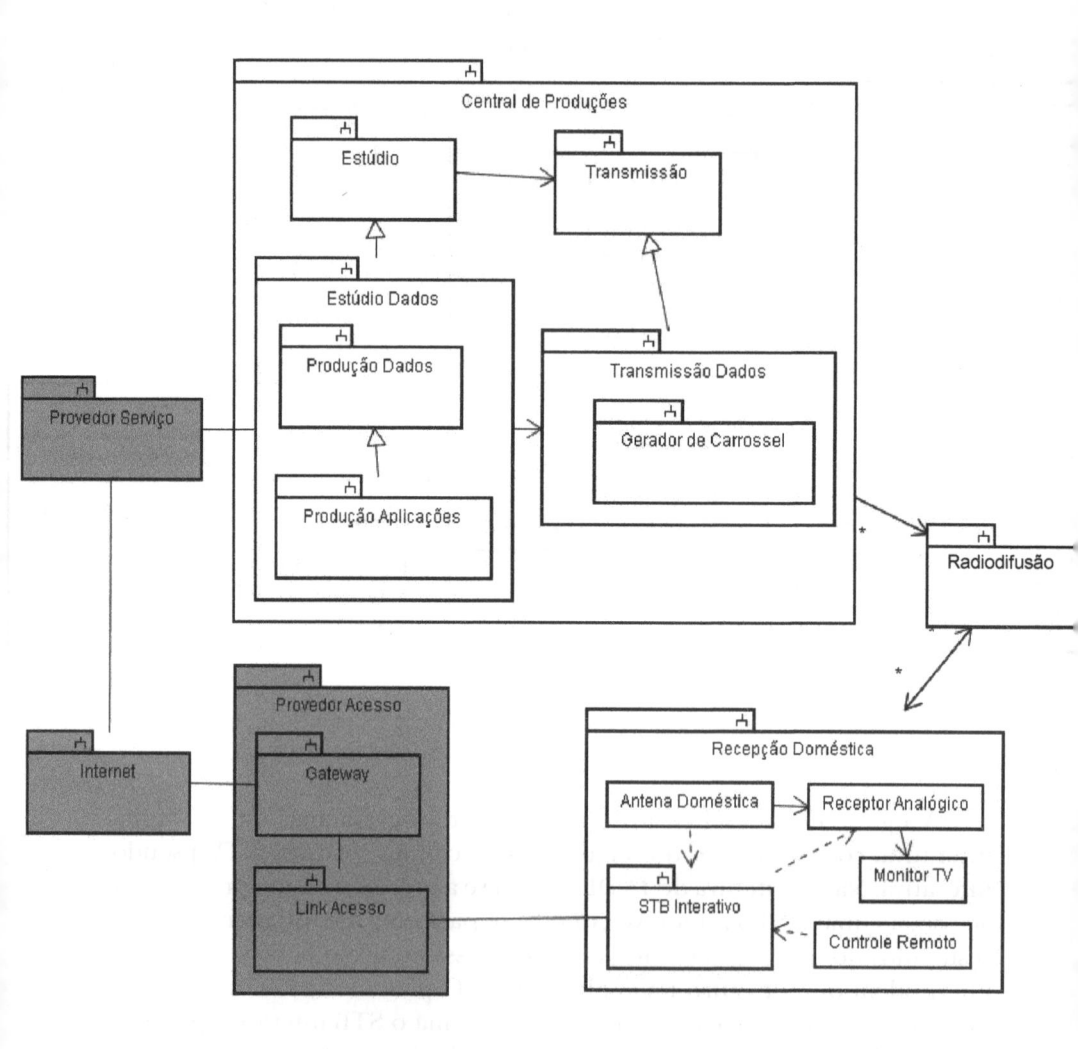

Figura 17 - Arquitetura geral de sistemas de TV digital interativa

1.9. Arquitetura do STB interativo

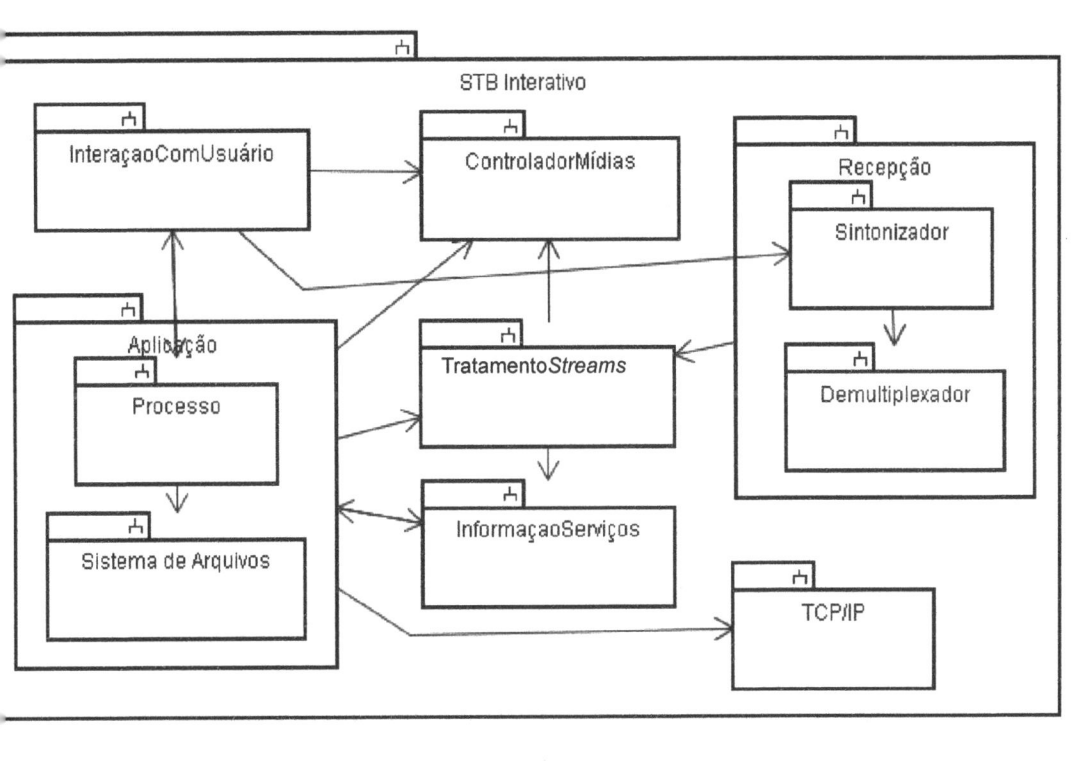

Figura 18 – Arquitetura de um STB interativo

O STB interativo é o elemento que fica na extremidade da arquitetura de TVDI, e sua arquitetura é esboçada na figura 18. O STB interativo é um pequeno computador dedicado à tarefa de processar fluxos de áudio, vídeo e dados, pela sintonização e demultiplexação do sinal de TVDI. O STB seleciona uma série de *streams* relacionados a um serviço. Os *streams* pertencem a duas categorias: uma relativa a áudio e vídeo – A/V e outra a dados sobre serviços. Os *streams* A/V são diretamente enviados para o controlador de mídias, que exibirá conforme controles ajustados pelo usuário ou pelas aplicações executadas no STB. Os dados sobre serviço são remetidos ao subsistema de informação serviços (SI – Service Information). Esses fluxos contêm informações detalhadas sobre todos os outros *streams* A/V/D disponíveis para o STB. A partir das informações sobre serviços é possível exibir os dados e executar as aplicações produzidas nos estúdios. A execução de aplicações segue um modelo computacional padronizado que contém áreas de processo e sistema de arquivos.

1.10. Arquitetura do gerador de carrossel

A figura 19 apresenta um esboço arquitetural de como funciona o carrossel. A intenção primária do modelo de carrossel é permitir a instalação dinâmica, no STB, de uma cópia de um sistema de arquivos produzido no estúdio de dados. Esse sistema de arquivos persiste no STB apenas enquanto o serviço está sintonizado. O gerador de carrossel é o elemento responsável por gerar um *stream* elementar de dados que, recebido pelo STB, produz este efeito. O *stream* carrossel segue o protocolo DSM-CC, subprotocolo DSM-CC *Object*, do padrão MPEG-2. Outras variações do protocolo DSM-CC permitem a transmissão de outros tipos de dados, como fluxos IP e atualização de *firmware*, que estão descritas em detalhes em (ETSI, 2003b). O nome carrossel se deve ao fato de que os fluxos de dados que geram o sistema de arquivos precisam ser retransmitidos ciclicamente, a fim de que seja possível a um STB que sintonizou o serviço receber esse sistema de arquivos, mesmo após o início da difusão.

Os arquivos a serem transmitidos pela central de produções – chamada de *server user* no protocolo DSM-CC – fazem parte de uma aplicação, que será transmitida em um fluxo individualmente identificado. Os arquivos são agrupados em módulos, aos quais estão associadas prioridades de retransmissão. O gerador de carrossel gera continuamente um *stream* contendo os módulos a transmitir, sendo que os módulos de maior prioridade são transmitidos com maior freqüência. A geração do carrossel pode ser feita em tempo real ou *off-line*. Se feita *off-line* um arquivo é produzido no gerador de carrossel, e continuamente enviado. Qualquer que seja a alternativa, o fluxo DSM-CC *Object* é sincronizado e multiplexado com os outros fluxos que fazem parte do programa a transmitir. O subsistema de rádiodifusão – chamado de *network*, no protocolo DSM-CC – não sofre alterações. Ao serem recebidos pelo STB interativo – chamado de *client user* – os arquivos do carrossel podem ter várias finalidades, como apresentar dados específicos para serem apresentados por um programa de EPG – Guia de Programação Eletrônica, conter informações adicionais sobre determinada propaganda veiculada, apresentar um teletexto bem como enviar uma aplicação a ser executada no STB, como um Xlet.

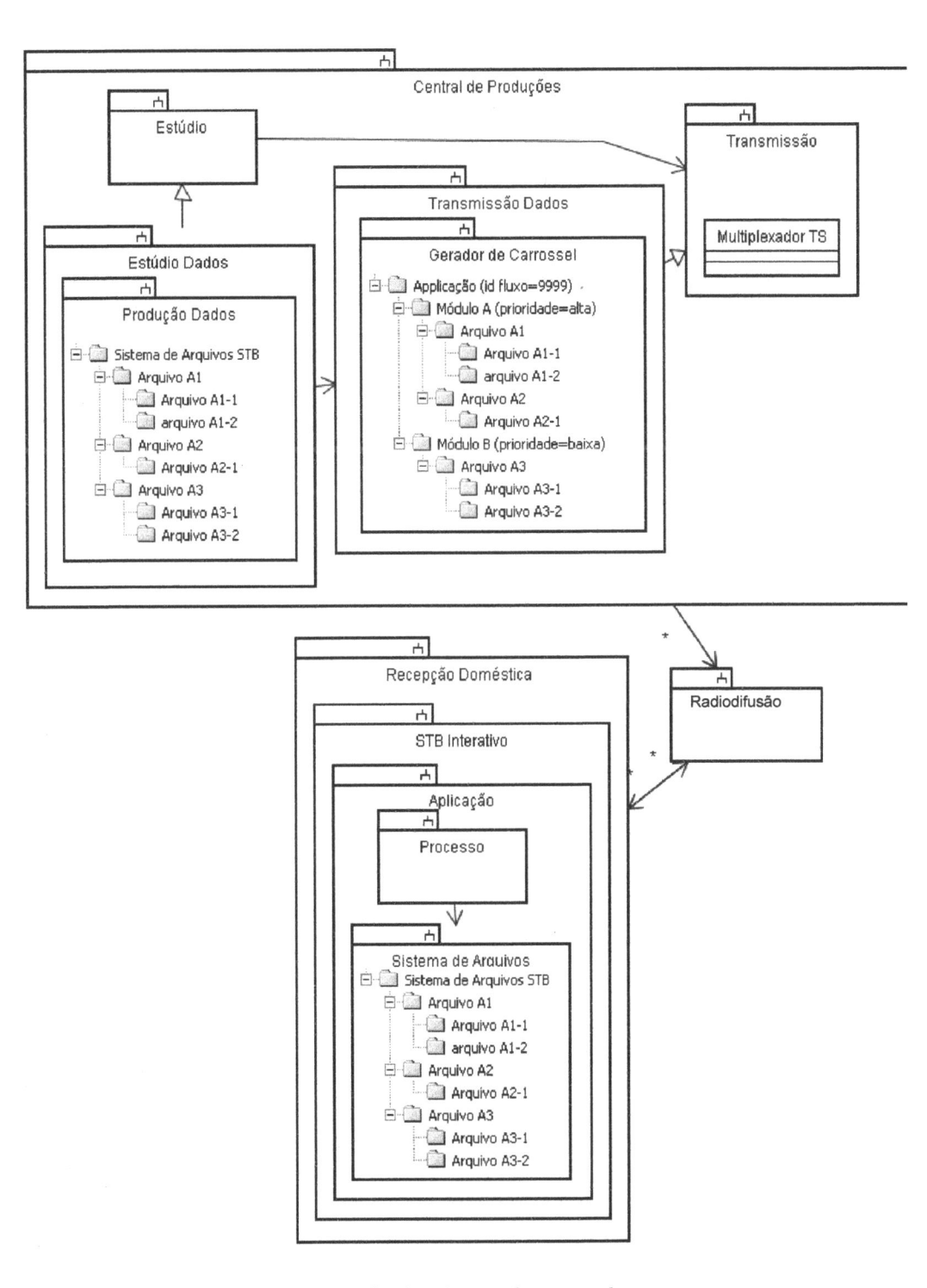

Figura 19 – Arquitetura do carrossel

1.10.1. Padrões para TVDI

Uma questão fundamental para o sucesso de um sistema de televisão digital é a adoção e a aceitação de padrões abertos para os vários componentes do sistema. É fato que o negócio televisão envolve o trabalho de inúmeros profissionais de diferentes organizações na produção do conteúdo televisivo. Esse conteúdo deve ser transmitido, no caso do Brasil, por milhares de estações transmissoras e retransmissoras para milhões de aparelhos receptores. Os aparelhos receptores serão produzidos por inúmeros fabricantes no Brasil ou no mundo. Como já apresentado, os aparelhos receptores digitais incluem em seu hardware, de forma embarcada, o STB. Como os dados podem ser códigos executáveis, o STB inclui também um conjunto de componentes de software que constituem seu sistema operacional e o ambiente de execução dos programas de televisão interativos. Os componentes de software que formam o sistema operacional são normalmente dependentes do hardware, com vários de seus componentes desenvolvidos sob medida para determinado hardware. Assim, é esperado que o conjunto dos aparelhos receptores inclua equipamentos elaborados por fabricantes distintos, executando sistemas operacionais distintos. Porém, nesse cenário não tem sentido esperar que os produtores de conteúdo televisivo, no caso programas de televisão interativos, codifiquem versões de seus programas para os diferentes sistemas operacionais e hardwares dos aparelhos receptores. Torna-se então fundamental a padronização de uma camada de adaptação de software que ofereça para os desenvolvedores um ambiente de programação padronizado. Feitas essas considerações, a figura 22 apresenta uma série de escolhas tecnológicas que precisam ser consideradas quando da definição de um sistema de televisão digital. As escolhas tecnológicas para os componentes do sistema são questões estratégicas definidas por órgãos de padronização de países ou blocos econômicos, levando em consideração aspectos socioeconômicos.

1.11. Padrões mundiais de TVDI

Um sistema de televisão digital interativa deve adotar e integrar um conjunto de diferentes tecnologias de hardware e software para implementar suas funcionalidades. Conjuntamente, essas tecnologias permitem que um sinal eletromagnético, que transporta fluxos elementares de áudio, vídeo, dados e aplicações, possa ser transmitido para o STB e, então, que esses fluxos sejam recebidos, processados e apresentados aos usuários.

Considerando a diversidade de soluções tecnológicas que podem ser adotadas para implementar um sistema de televisão digital interativa, diversos órgãos de padronização concentraram esforços na especificação de padrões. Como resultado desses esforços, atualmente, existem três padrões mundiais de sistema de televisão digital interativa reconhecidos:

- DVB – Digital Video Broadcasting;
- ATSC – Advanced Television Systems Committee;
- ISDB – Integrated Services Digital Broadcasting.

Esses sistemas (DVB, ATSC e ISDB) adotam diferentes padrões para modulação do sinal de difusão; transporte de fluxos elementares de áudio, vídeo, dados e aplicações; codificação e qualidade de áudio e vídeo; e serviços de *middleware*. A figura 20 apresenta uma visão arquitetural em camadas de um sistema de televisão digital, identificando as diversas opções de padrões de transmissão, transporte, codificação e *middleware* que podem ser adotados em cada camada.

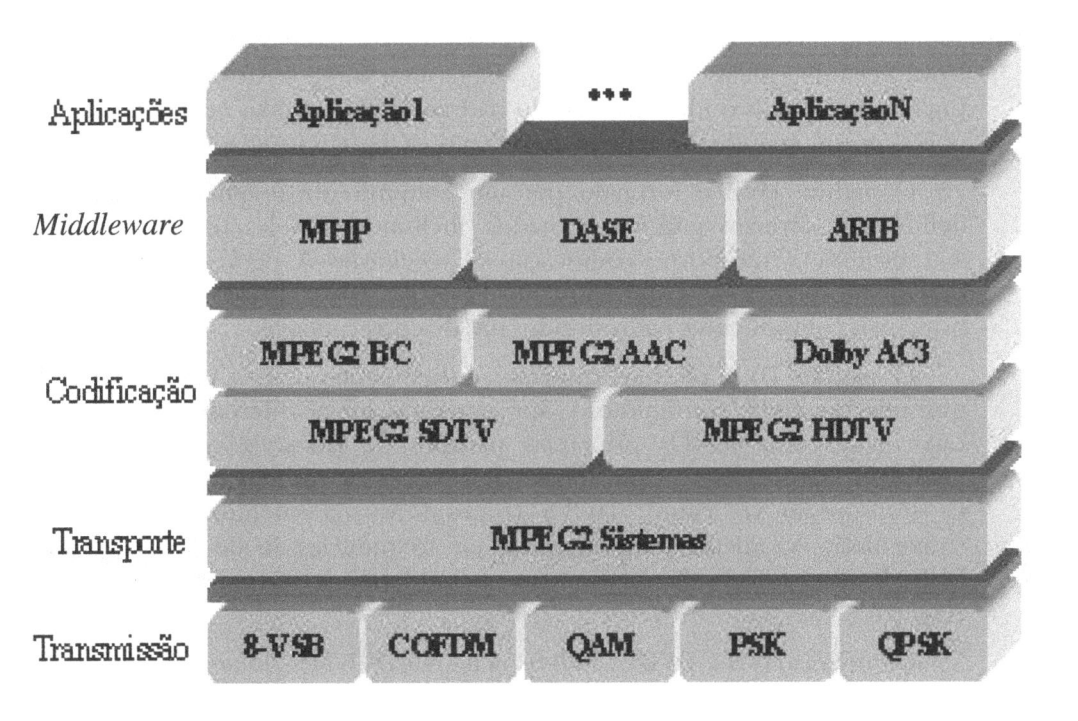

Figura 20 – Opções de padrões para um sistema de TV digital interativa

A seguir apresentamos uma breve descrição da arquitetura dos principais padrões de sistema de televisão digital interativa, identificando os componentes básicos adotados nestes padrões.

1.12. DVB

O projeto DVB – Digital Video Broadcasting (DVB, 2004) é um consórcio iniciado em setembro de 1993 e composto por mais de 300 membros, incluindo fabricantes de equipamentos, operadoras de redes, desenvolvedores de software e órgãos de regulamentação de 35 países. O objetivo do projeto DVB é especificar uma família de padrões mundiais para sistemas de televisão digital interativa, incluindo a transmissão do sinal e serviços de dados associados.

A família de padrões especificada pelo projeto DVB caracteriza o padrão de sistema de televisão digital também denominado DVB, que é conhecido como o padrão europeu de televisão digital. O padrão DVB é adotado nos países da União Européia e em outros países como Austrália, Nova Zelândia, Malásia, Hong Kong, Singapura, Índia e África do Sul. A Inglaterra é o país onde a adoção do padrão DVB está mais consolidada, pois já possui mais de um milhão de receptores digitais instalados.

O padrão DVB é formado por um conjunto de documentos que definem os diversos padrões adotados, incluindo aqueles relacionados à transmissão, transporte, codificação e *middleware*. A figura 21 ilustra esquematicamente a arquitetura do sistema DVB, identificando os principais componentes padronizados nas diversas camadas.

O padrão DVB permite diversas configurações para a camada de transmissão, cada configuração apresentando uma diferente relação capacidade/robustez. Os principais padrões de transmissão adotados pelo DVB são: DVB-T: (transmissão terrestre por radiodifusão); DVB-C (transmissão via cabo); DVB-S (transmissão via satélite); DVB-MC (transmissão via microondas, operando em freqüências de até 10GHz); e DVB-MS (transmissão via microondas, operando em freqüências acima de 10GHz).

Os padrões DVB-T, DVB-C, DVB-S, DVB-MC e DVB-MS adotam diferentes esquemas de modulação. O DVB-T (ETSI, 2001) pode operar em canais de 6, 7 ou 8 MHz e adota a modulação COFDM (Coded Orthogonal Frequency Division Multiplexing), cuja taxa de transmissão pode variar entre 5 e 31,7 Mbps, dependendo dos parâmetros utilizados na codificação e modulação do sinal. O COFDM será detalhado na seção 1, do capítulo 5 (p. 121).

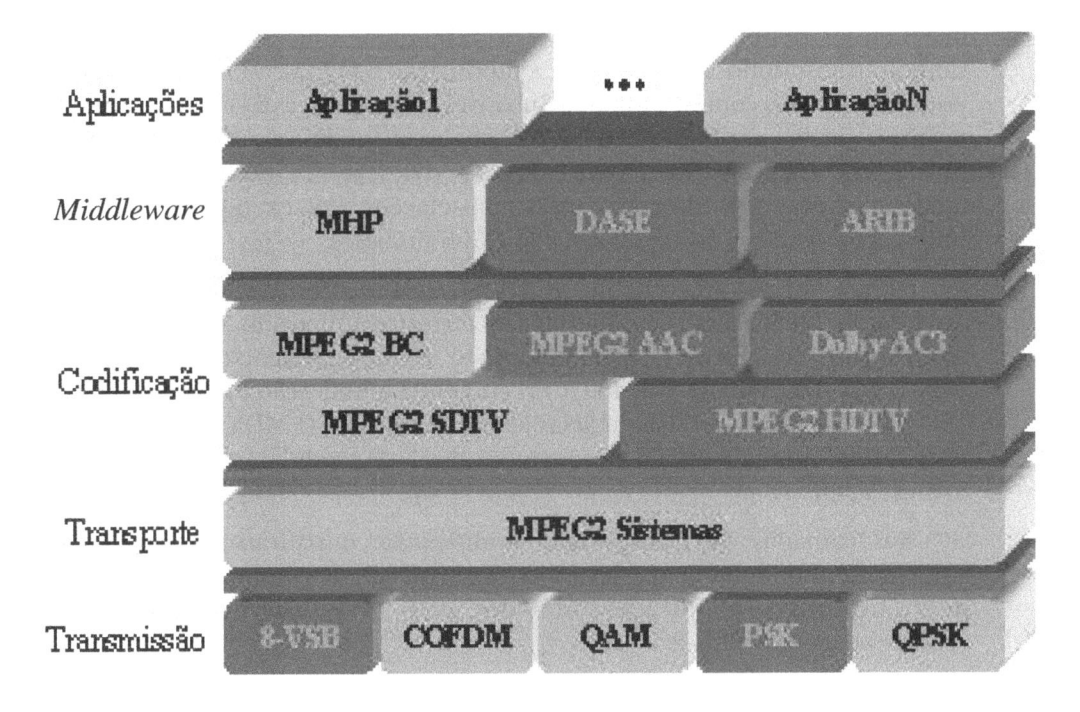

Figura 21 – Arquitetura DVB

O DVB-T suporta seis modos de transmissão com resoluções que variam de 1080 à 240 linhas, podendo ser usado para sistemas de alta definição (HDTV – High Definition Television) e sistemas móveis de baixa definição (LDTV – Low Definition Television). No entanto, alguns estudos apontam que o funcionamento não é satisfatório quando ocorrem transmissões simultâneas para sistemas de alta definição e sistemas móveis.

Na Europa, em um primeiro momento, está sendo utilizada a resolução padrão (SDTV – Standard Definition Television), inicialmente em formato de tela 4:3. Considerando a largura de banda do canal, a transmissão SDTV permite a difusão de até seis programas simultaneamente. Portanto, o modelo de negócios dos países europeus privilegiou a oferta diversificada de programas e serviços na transmissão terrestre. A Austrália optou por combinar programas em alta definição (HDTV) e programas em definição padrão (SDTV).

Para as redes de televisão a cabo, o DVB-C (ETSI, 1998) adota a modulação 64-QAM. O termo 64 é a constelação do esquema de modulação, que representa o número de símbolos possíveis. O número de símbolos determina diretamente o número de bits associado a cada símbolo transmitido. Por exemplo, a modulação 64-QAM transporta 6 bits por símbolo, pois com 64 símbolos é possível representar as 64 combinações possíveis de 6 bits. Embora o DVB-C sugira a modulação 64-QAM, em função das características da rede e do serviço desejado, a modulação QAM também pode ser usada com outras constelações. Por exemplo, pode-se utilizar constelações de 16, 32, 64, 128 e 256 símbolos.

Para a difusão via satélite, o DVB-S (ETSI, 1997a) recomenda a modulação QPSK. Para a radiodifusão terrestre utilizando microondas, são previstos dois tipos de modulação. Para freqüências abaixo de 10 GHz (MMDS), o DVB-MC (ETSI, 1997c) recomenda a utilização da modulação 16, 32 ou 64-QAM. Para freqüências acima de 10 GHz (LMDS), o DVB-MS (ETSI, 1997b) recomenda o mesmo mecanismo de modulação que o DVB-S, ou seja, QPSK.

Nas camadas de transporte e codificação, o padrão DVB é um sistema fundamentalmente baseado no MPEG-2. Portanto, os padrões de transporte e codificação adotados pelo DVB são baseados nas recomendações MPEG-2.

Na camada de codificação, o sinal de áudio é codificado usando a recomendação MPEG2-BC e o sinal de vídeo é codificado usando a recomendação MPEG-2 Vídeo (ISO, 1996b) com qualidade SDTV. Na camada de transporte, os fluxos elementares de áudio, vídeo e dados (aplicações) são multiplexados no produtor de conteúdo e demultiplexados nos *set-top boxes* dos usuários usando a recomendação MPEG-2 Sistemas (ISO, 1996a).

1.13. ATSC

O comitê ATSC (Advanced Television Systems Committee) (ATSC, 2004) é uma organização de padronização americana iniciada em 1982 e composta por cerca de 170 membros, incluindo fabricantes de equipamentos, operadores de redes, desenvolvedores de software e órgãos de regulamentação. O objetivo do comitê ATSC é especificar padrões para televisão digital.

O conjunto de padrões especificado pelo comitê ATSC caracteriza o padrão de sistema de televisão digital também denominado ATSC, que é conhecido como o padrão americano de televisão digital. Em funcionamento nos Estados Unidos desde novembro de 1998, o padrão ATSC também já foi adotado pelo Canadá, Coréia do Sul, Taiwan e Argentina.

Nesses dois últimos países, existe uma sinalização que deverá ocorrer uma revisão do padrão de sistema de televisão digital a ser adotado.

Da mesma forma que o padrão DVB, o padrão ATSC é formado por um conjunto de documentos que definem os diversos padrões adotados, incluindo aqueles relacionados à transmissão, transporte, codificação e *middleware*. A figura 22 ilustra esquematicamente a arquitetura do sistema ATSC, identificando os principais componentes padronizados nas diversas camadas.

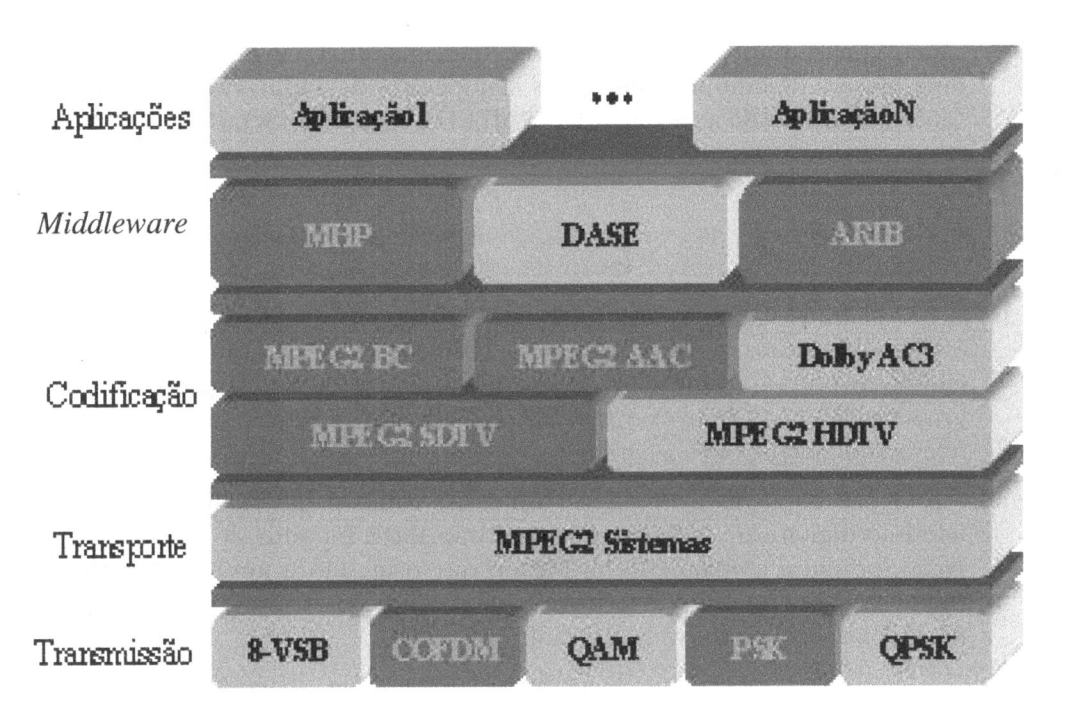

Figura 22 – Arquitetura ATSC

O padrão ATSC permite diversas configurações para a camada de transmissão, definindo diferentes esquemas de modulação para transmissão terrestre, via cabo e via satélite. Na radiodifusão terrestre, o padrão ATSC pode operar com canais de 6, 7 ou 8 MHz e utiliza a modulação 8-VSB, cuja taxa de transmissão é de 19,8 Mbps. Em função desse esquema de modulação, um sistema ATSC apresenta problemas na recepção por antenas internas e não permite a recepção móvel. Para as redes de televisão a cabo e as transmissões via satélite, da mesma forma que o padrão DVB, o padrão ATSC adota as modulações 64-QAM e QPSK, respectivamente.

O padrão ATSC prevê diversos modos de transmissão com diferentes níveis de resolução da imagem e formatos de tela. No entanto, o modelo de negócios americano foi direcionado para a televisão de alta definição (HDTV). Em função do alto custo dos aparelhos de televisão de alta definição, o sistema americano de televisão digital ainda possui uma baixa adesão dos usuários.

Na camada de codificação, o sinal de áudio é codificado usando o padrão Dolby AC-3 (ATSC, 2001) e o sinal de vídeo é codificado usando a recomendação MPEG-2 Vídeo (ISO, 1996b) com qualidade HDTV. Na camada de transporte, da mesma forma que o padrão DVB, o padrão ATSC multiplexa e demultiplexa os fluxos elementares de áudio, vídeo e dados (aplicações) usando a recomendação MPEG-2 Sistemas (ISO, 1996a).

1.14. ISDB

O padrão ISDB foi especificado em 1999, no Japão, pelo grupo DiBEG – Digital Broadcasting Experts Group (DiBEG, 2004), criado em 1997 e composto por várias empresas e operadoras de televisão. O objetivo do grupo DiBEG é promover e especificar o sistema de difusão terrestre de televisão digital japonês.

O padrão ISDB é também conhecido como o padrão japonês de televisão digital. Até o momento, o padrão ISDB foi adotado apenas no Japão, porém é amplamente divulgado que o mesmo é um sistema que reúne o maior conjunto de facilidades: alta definição – HDTV, transmissão de dados e recepção móvel e portátil.

Da mesma forma que os padrões DVB e ATSC, o padrão ISDB é formado por um conjunto de documentos que definem os diversos padrões adotados, incluindo aqueles relacionados à transmissão, transporte, codificação e *middleware*. A figura 23 ilustra esquematicamente a arquitetura do sistema ISDB, identificando os principais componentes padronizados nas diversas camadas.

Da mesma forma que os padrões DVB e ATSC, o padrão ISDB permite diversas configurações para a camada de transmissão, definindo diferentes esquemas de modulação para transmissão terrestre, via cabo e via satélite. Na radiodifusão terrestre, a especificação ISDB-T (Integrated Services Digital Broadcasting – Terrestrial) (ISDB, 1998) pode operar com canais de 6, 7 ou 8 MHz e, da mesma forma que o padrão DVB, utiliza a modulação COFDM (Coded Orthogonal Frequency Division Multiplexing), mas com algumas variações, alcançando uma taxa de transmissão que varia entre 3,65 e 23,23 Mbps. Para as redes de televisão a cabo e as transmissões via satélite, o padrão ISDB adota as modulações 64-QAM e 8-PSK, respectivamente.

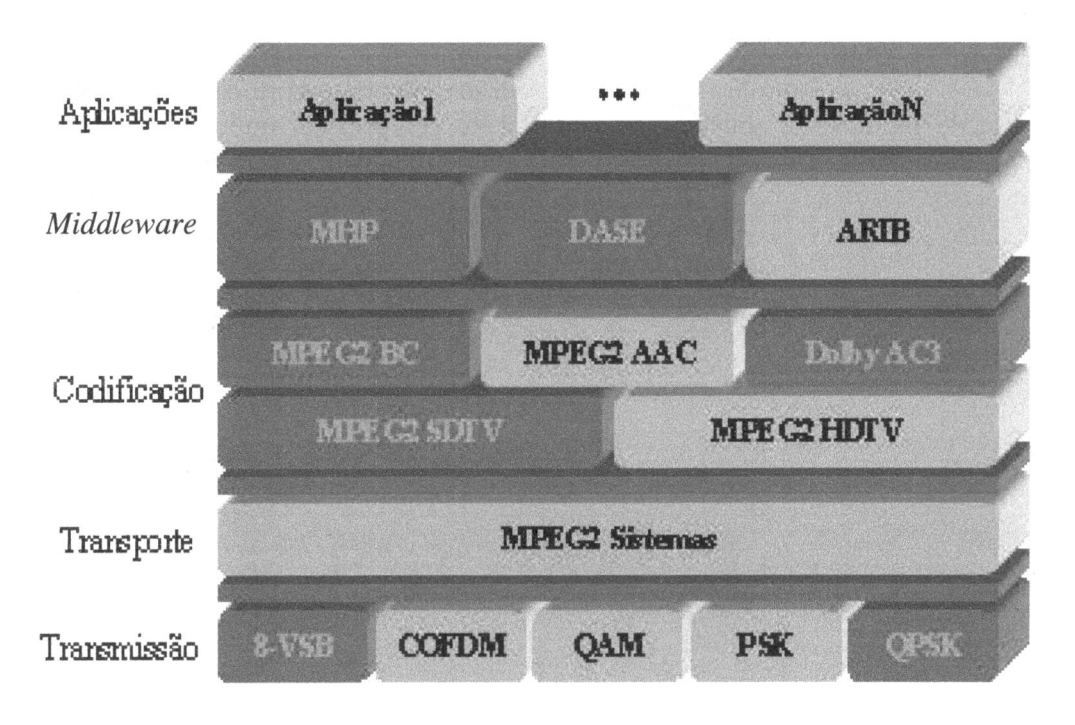

Figura 23 – Arquitetura ISDB

O ISDB é projetado para suportar sistemas hierárquicos com múltiplos níveis, podendo ser usado, por exemplo, para prover simultaneamente recepção de baixa taxa de dados sob condições móveis excepcionalmente difíceis, taxa de dados intermediária (SDTV) para recepção estática e alta taxa de dados (HDTV) para boas condições de recepção.

Embora seja baseado no sistema de transmissão europeu, o ISDB-T é superior ao DVB-T quanto à imunidade a interferências, permitindo a convivência da televisão de alta definição com a recepção móvel.

Na camada de codificação, o sinal de áudio é codificado usando a recomendação MPEG-2 AAC (Advanced Audio Coding) (ISO, 1997) e o sinal de vídeo é codificado usando a recomendação MPEG-2 Vídeo (ISO, 1996b) com qualidade HDTV. Vale ressaltar que, em função da flexibilidade do sistema, o sinal de vídeo pode ser codificado usando a recomendação MPEG-2 Vídeo em diferentes níveis de resolução.

Na camada de transporte, da mesma forma que os padrões DVB e ATSC, o padrão ISDB multiplexa e demultiplexa os fluxos elementares de áudio, vídeo e dados (aplicações) usando a recomendação MPEG-2 Sistemas (ISO, 1996a).

Veja no capítulo a seguir uma descrição resumida dos principais padrões de modulação, transmissão, codificação, compressão, multiplexação e transporte, utilizados nos padrões de televisão digital.

Capítulo 5

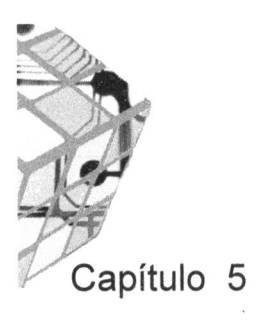

PADRÕES PARA MODULAÇÃO E TRANSMISSÃO

1. ESQUEMAS DE MODULAÇÃO

Os sistemas de televisão digital já definidos adotam dois esquemas de modulação – o 8-VSB e o COFDM – descritos abaixo.

Modulação 8-VSB (Vestigial Sideband). O ATSC definiu como esquema de modulação para transmissão terrestre o 8-VSB [Sparano]. A figura 26 ilustra o processo de modulação 8-VSB [13]16. O fluxo de bits MPEG-2 transporte é embaralhado para suavizar o espectro, evitando a concentração de energia em alguns pontos. Em seguida, o sinal passa por um gerador de código corretor de erros (Reed Solomon) que opera em nível de blocos, inserindo 20 bytes de paridade para cada bloco de 187 bytes. Os 207 bytes formam um segmento. Depois da codificação é realizado o entrelaçamento temporal, onde os bytes são espalhados em 52 segmentos com o objetivo de evitar que um ruído impulsivo danifique um ou vários segmentos inteiros. O espalhamento distribui os erros provocados pelo ruído em bytes de vários segmentos, o que em conjunto com o código corretor de erros, garante uma boa imunidade do sistema a ruídos impulsivos. É inserido então um segundo código corretor de erros (treliça ou convolucional), onde cada 2 bits originais são convertidos para 3 bits. O terceiro bit melhora a redundância da informação. Os 3 bits são convertidos para um símbolo de 8 níveis (2^3). A carga útil de cada segmento é formada por 828 símbolos de 8 níveis.

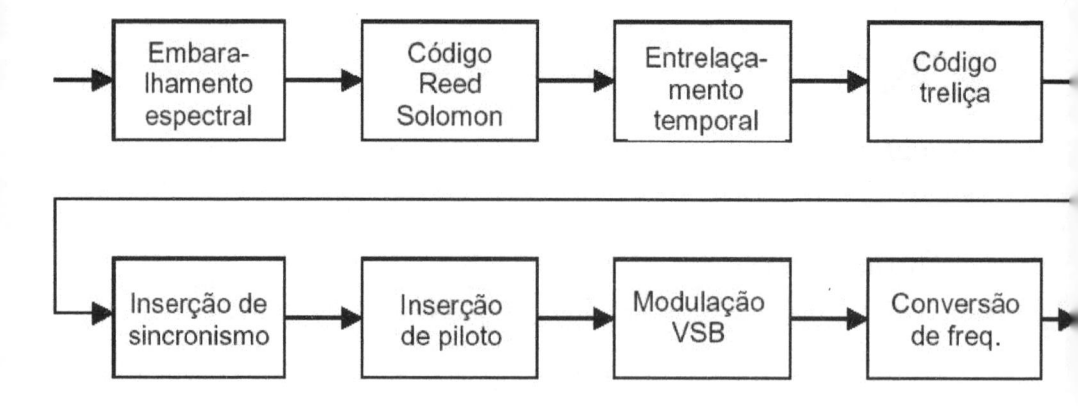

```
Embara-          Código         Entrelaça-      Código
lhamento    →    Reed      →    mento      →    treliça
espectral        Solomon        temporal

Inserção de      Inserção       Modulação       Conversão
sincronismo →    de piloto →    VSB        →    de freq.
```

Figura 24 – Modulação 8-VSB

Os segmentos recebem então alguns símbolos adicionais de sincronismo. São 312 segmentos, mais um de sincronismo, que formam um quadro. Esse conjunto (que é um sinal AC), recebe um pequeno nível DC, o qual, ao ser modulado, aparecerá como um ressalto no espectro, formando o sinal piloto do canal. Esse conjunto é colocado num modulador VSB, que pode ser analógico ou um circuito que sintetize digitalmente a forma de onda já em radiofreqüência (mais precisamente, em FI – freqüência intermediária). O sinal resultante está pronto para ser adaptado para a freqüência de operação da emissora, amplificado e transmitido.

Modulação COFDM (Coded Orthogonal Frequency-Division Multiplexing). O COFDM é baseado na utilização de diversas portadoras, onde cada portadora transporta uma parte do sinal em subcanais FDM (Frequency Division Multiplexing) em um canal de 6, 7 ou 8 MHz. No DVB são usadas 1705 (modo 2K) ou 6817 (modo 8K) portadoras. A interferência entre as portadoras é evitada por condições de ortogonalidade entre as mesmas, que ocorre quando o espaçamento entre elas é o inverso do período sobre o qual o receptor fará a operação de demodulação do sinal. Para melhorar a imunidade a interferências externas, é utilizada uma série de técnicas de codificação, que inclui uma permuta pseudo-aleatória da carga útil entre as diversas portadoras. A figura a seguir ilustra o processo de codificação de um sinal COFDM.

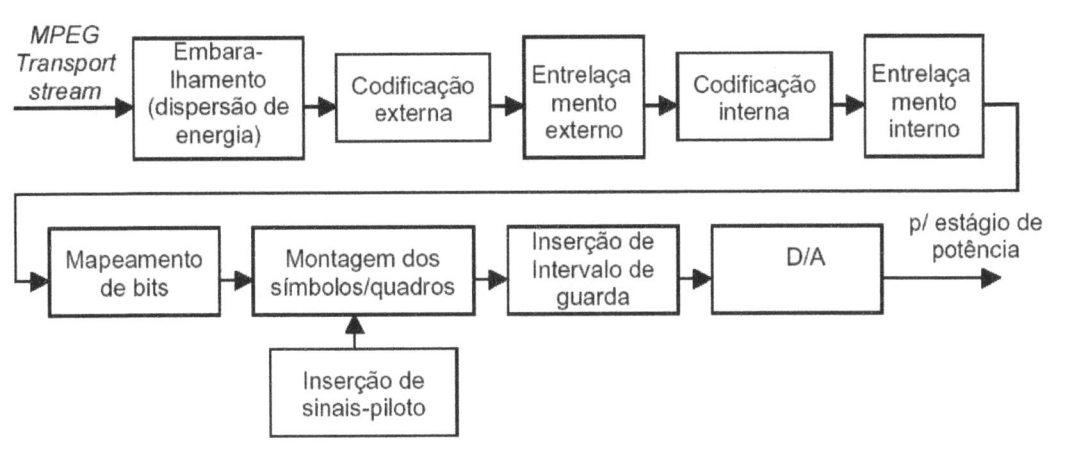

Figura 25 – Modulação COFDM

O feixe de sinal recebido do multiplexador MPEG é embaralhado, para distribuir de maneira uniforme a energia. Em seguida o sinal passa por um primeiro processo de codificação externa, que utiliza o Reed Solomon para criar bits redundantes utilizados para recuperação de erros. Os bytes de cada 12 blocos são entrelaçados para que, caso algum bloco não seja recebido sejam perdidos poucos bits por bloco em vez de um bloco completo. Na codificação interna é usado um código convolucional FEC (Forward Error Correction) que gera bits adicionais para melhorar a redundância. Alguns dos bits adicionais são omitidos em intervalos regulares para desbalancear a energia dos símbolos. Dessa forma, alguns símbolos (os que tiveram bits omitidos) ficam com a energia reduzida, enquanto outros ganham um reforço de potência. Os símbolos com melhor relação sinal/ruído (SNR) são utilizados para transportar as informações de controle e sincronismo do canal. Após o entrelaçamento interno, os bits são mapeados para compor os símbolos e quadros da transmissão. A montagem é parametrizável podendo ser definidos o tipo de modulação (QPSK, 16-QAM ou 64-QAM), número de portadoras e intervalo de guarda. Para uma dada configuração dos parâmetros supracitados, os bits são agrupados para formar uma palavra. Cada palavra irá modular uma portadora, durante um tempo TU. O conjunto de palavras de todas as portadoras num dado intervalo TU é chamado de símbolo COFDM. Cada conjunto de 68 símbolos COFDM forma um quadro COFDM.

Algumas portadoras são utilizadas como sinal piloto, para sincronismo e controle de fase. As duas portadoras extremas do canal (as de número 0 e 1704 no modo 2K e 0 e 6816 no modo 8K) têm essa finalidade. Outras

43 portadoras são utilizadas como piloto contínuo no modo 2K e 175 no modo 8K. Nas demais portadoras, algumas palavras são utilizadas dentro de uma seqüência predefinida para atuar como sinais pilotos dispersos, que são usados para estimar as características de transmissão da portadora e de portadoras adjacentes. Algumas portadoras são utilizadas para transportar um sinal de controle chamado TPS (Transmission Parameter Signalling) que identifica os parâmetros de transmissão do canal, como o tipo de modulação, número de portadoras etc.

O ISDB apresenta três modos de operação COFDM, existe um modo intermediário 4K. Existem também diferenças nos outros modos. Por exemplo, o número de portadoras no modo 2K ISDB é 1405 e 1705 no modo 2K do DVB.

1.1. Padrão para multiplexação e transporte

A função do subsistema de multiplexação e transporte é receber as seqüências elementares de bits geradas pelos codificadores de aplicações dos diferentes subsistemas (vídeo, áudio, dados auxiliares etc.) e, por meio da multiplexação, gerar em sua saída uma seqüência única de pacotes, cujo formato é definido pelo padrão MPEG-2 Sistemas. A codificação dos pacotes pode ser realizada de duas formas: fluxo de transporte ou fluxo de programa. No fluxo programa os pacotes gerados possuem tamanho variável e usualmente grande. Esse tipo de fluxo é usado para sistemas de transmissão com baixa probabilidade de ocorrência de erros, o que não é o caso dos sistemas de televisão. No fluxo de transporte os pacotes possuem tamanho fixo de 188 bytes, sendo mais adequados para tratamento de erros, além de simplificar a implementação de circuitos eletrônicos e algoritmos, e aumentar a velocidade de processamento.

A seqüência de pacotes de transporte resultante da multiplexação pode ser novamente multiplexada com outras seqüências do mesmo tipo antes do envio para o subsistema de transmissão. No receptor, essa seqüência de pacotes será demultiplexada e as seqüências elementares de bits serão reconstruídas e entregues aos seus respectivos decodificadores. Utilizando informações contidas no cabeçalho dos pacotes de transporte, é possível a realização de operações como sincronização do aparelho receptor, detecção e sinalização de erros.

As seqüências elementares de bits podem ou não, antes da multiplexação e formatação em pacotes de transporte, passar por um processo de organização em segmentos PES (Packetized Elementary

Stream) de tamanho variável. As principais finalidades da segmentação PES são viabilizar a sincronização das seqüências elementares de bits de um mesmo programa. As seqüências de áudio e vídeo passam obrigatoriamente por essa etapa. O processo de geração de segmentos PES pode ser realizado diretamente pelo subsistema de multiplexação e transporte ou pelo próprio codificador da aplicação geradora da seqüência elementar de bits.

A multiplexação das seqüências de dados auxiliares, áudio e vídeo, nos pacotes de transporte é realizada por um simples campo identificador em seu cabeçalho. Esse campo é denominado PID (Packet Identifier), e sua utilização permite, por exemplo, que a capacidade do canal seja alocada de forma dinâmica para rajadas de determinado subsistema gerador de seqüências elementares.

A arquitetura empregada na multiplexação e no transporte permite a extensibilidade dos serviços oferecidos, ao mesmo tempo que garante compatibilidade futura com o parque de equipamentos já instalados. Novos serviços serão implementados pelo emprego de novos PIDs, sem que seja alterada a estrutura do pacote. Dessa maneira, os equipamentos que não estejam preparados para recebê-los, simplesmente filtrarão os pacotes de PIDs desconhecidos, decodificando apenas as seqüências de pacotes cujo tratamento é possível ser realizado.

A multiplexação no subsistema de multiplexação e transporte é realizada em dois níveis distintos. Inicialmente, as seqüências elementares de bits (em formato PES ou não), que compartilham uma mesma base de tempo, são multiplexadas entre si e com uma seqüência de controle, chamada de *elementary stream map* para formar um programa. Programa é o termo utilizado na televisão digital para a denominação do que vem a ser um "canal" na TV tradicional. Nesse primeiro nível de multiplexação, cada seqüência elementar possui seu próprio identificador, chamado *stream ID*. Não há restrições sobre o número e tipo de seqüências elementares presentes em um programa. A seqüência de controle possui uma tabela, a *program map table*, que inclui informações sobre os identificadores de cada uma das seqüências que compõem o programa e sobre o relacionamento entre as mesmas. A figura 28 ilustra a multiplexação nesse nível, supondo que as seqüências elementares já estão na forma de pacotes de transporte, após passarem pela etapa PES.

```
Elementary stream 1 (vídeo)     PID1
Elementary stream 2 (áudio1)    PID2
Elementary stream 3 (áudio2)    PID3
                                           Multiplexador      MUXed
                                                              programa
Elementary stream n-1 (data i)  PID(n-1)                      de transporte
Elementary stream n (data j)    PIDn                          de streams
Elementary stream map           PID(n+1)
(program_map_table)
```

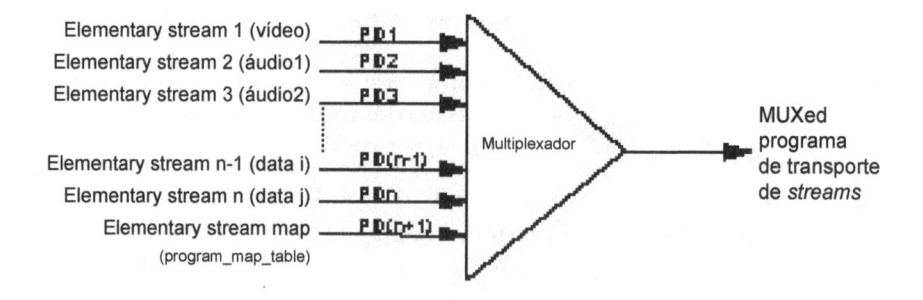

Figura 26 – Multiplicação de fluxos elementares

Os programas, por sua vez, são multiplexados assincronicamente entre si e com uma seqüência de controle de mais alto nível, a *program stream map*, para formar a seqüência de transporte do sistema. Essa seqüência de controle contém, de forma análoga à *program map table* de um programa, uma tabela de mapeamento entre os programas e suas seqüências de transporte, a *program association table*.

O segundo nível de multiplexação, mostrado na figura abaixo, oferece uma funcionalidade importante, que é a definição de programas com uma combinação qualquer de seqüências PES, incluindo repetições e seleções de seqüências específicas. Podemos citar como exemplo uma mesma seqüência de áudio que deve ser sincronizada com duas seqüências de vídeo para a composição de dois programas diferentes. Além dessa funcionalidade, a multiplexação em nível de programas permite a inserção de programação local.

```
Program transport stream 1
Program transport stream 2
Program transport stream 3
Program transport stream 4
                                    Multiplexador
Program transport stream 5
                                                    Multiplexação em nível de sistema
Program stream map      PID = 0
(program_association_table)
```

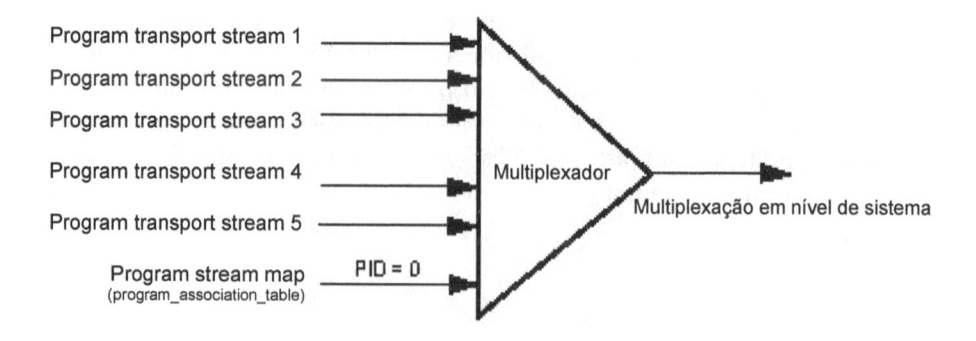

Figura 27 – Multiplexação de programas

O segundo nível de multiplexação pode ocorrer recursivamente, ou seja, podem haver sucessivas multiplexações de várias seqüências de sistema em uma única seqüência de maior largura de banda. Esse procedimento recursivo exige, no entanto, a recriação da *program association table*, gerando, conseqüentemente, uma nova seqüência *program stream map*.

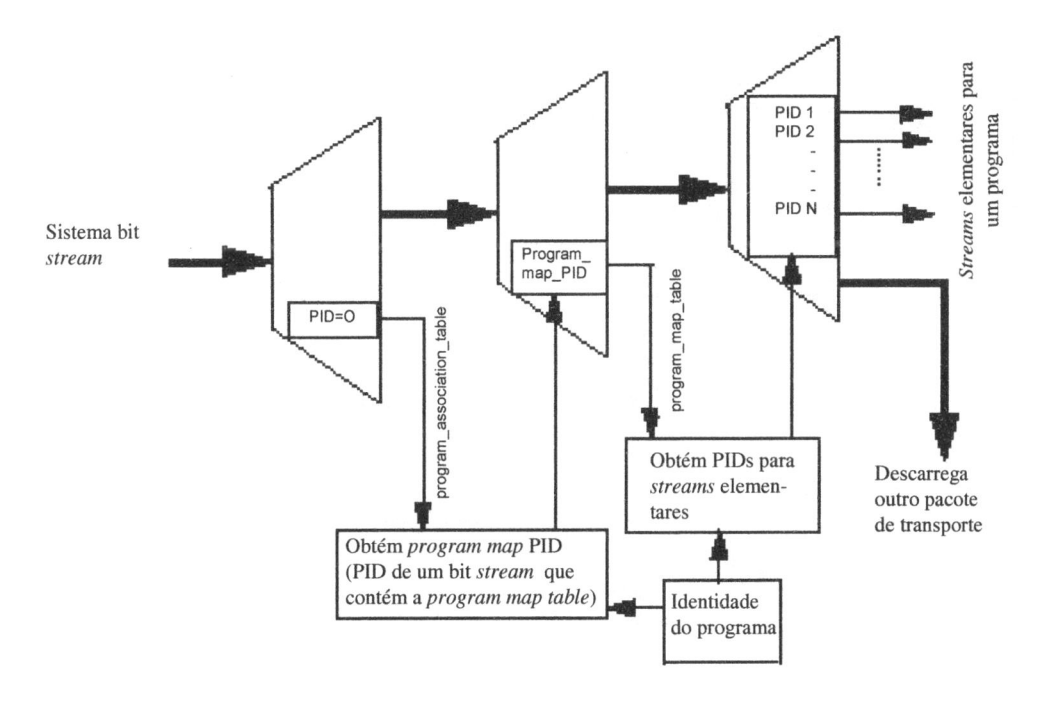

Figura 28 – Demultiplexação de programas e fluxos elementares

A política de multiplexação e o funcionamento do multiplexador não são objetos de padronização, nem mesmo sendo necessária sua implementação em dois níveis distintos. Apenas o formato das seqüências deve ser obedecido, de forma a serem possíveis suas decodificações. A figura 28 apresenta a estrutura da demultiplexação de uma seqüência de pacotes de transporte em um aparelho receptor de TV digital.

A figura 29 apresenta um exemplo sumário da estrutura básica de fluxos que compõem um MPEG-2-TS. Cada fluxo usa um identificador único, chamado de PID (Packet Id). No padrão MPEG-2, três identificadores de fluxo são reservados para usos especiais, que são: PAT (Program Association Table) – PID=0, CAT (Conditional Access Table) – PID = 1 e TSDT (Transport Stream Description Table) – PID = 2. O fluxo PAT indica quais são todos os programas que são veiculados no TS. O PAT, de fato, indica apenas os PIDs dos fluxos que contêm as tabelas dos programas, chamadas PMT (Program Map Table). Cada PMT indica os fluxos que compõem o programa. Para cada fluxo é especificado o tipo (vídeo, áudio ou dados) e o PID dos pacotes que podem ser usados para gerar os *streams* elementares de vídeo, áudio ou dados. O primeiro programa da tabela PAT contém informações específicas da rede difusora, como dados sobre outros serviços que podem estar disponíveis em outros canais ou freqüências. A parte inferior da figura 31 apresenta como estes pacotes podem ser multiplexados gerando um MPEG-2-TS.

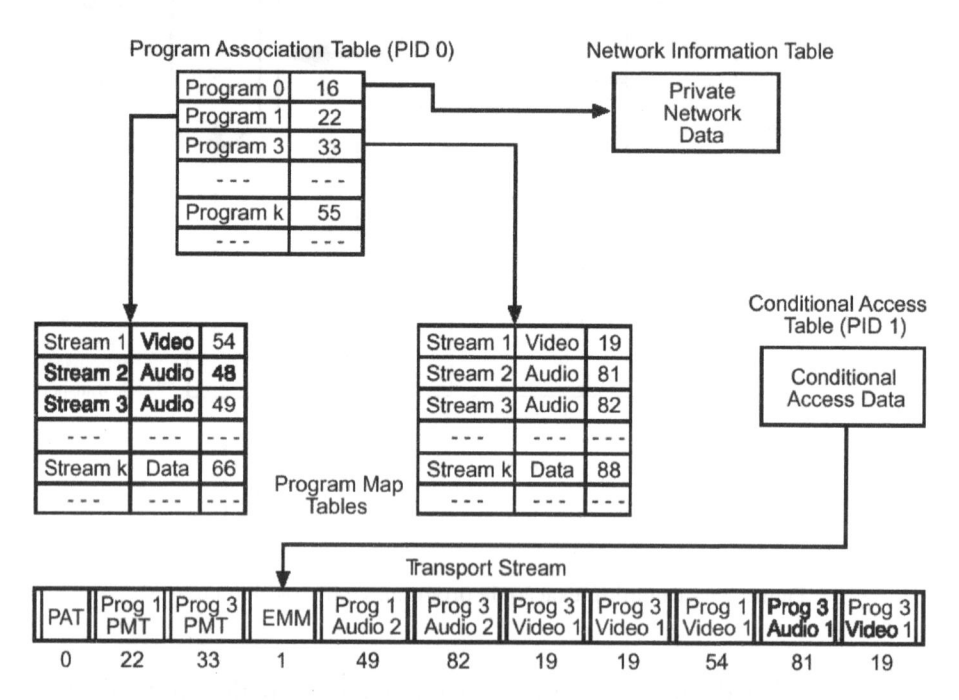

Figura 29 – Estrutura de tabelas do MPEG-2-TS (Tektronix, 2002)

Por meio do acesso às tabelas que estão nos fluxos PAT, CAT e PMT o multiplexador pode ser programado para inserir, remover e renomear programas e fluxos de vídeo, áudio e dados, tanto no subsistema de estúdio quanto no subsistema de radiodifusão, tornando possível a mistura de centenas de fluxos de conteúdos produzidas por diversos estúdios, o que potencializa enormemente a aquisição e veiculação de conteúdos em sistemas de TVDI.

1.2. Padrões para codificação e compressão

Todos os sistemas já definidos adotaram para codificação e compressão de vídeo o padrão MPEG-2. Esse padrão na realidade faz parte de uma família de padrões (MPEG-1, MPEG-4, MPEG-7 etc.) de compressão de áudio, vídeo, codificação de objetos multimídia, multiplexação de sinais e descrição de objetos de mídia. O MPEG-2, por sua vez, é composto por diversos padrões para vídeo (ISO, 1996b), para áudio com compatibilidade regressiva (ISO, 1998a) etc.

O método de compressão do MPEG-2 Vídeo baseia-se em algoritmos assimétricos, em que o custo da codificação é muito maior que o da decodificação. Essa é uma característica interessante para a televisão, pois o alto custo do codificador é assimilado pelo rádiodifusor, enquanto que o receptor do telespectador requer um decodificador de baixo custo. Os algoritmos são bastante flexíveis, possibilitando a codificação de imagens com diferentes níveis de resolução (qualidade).

A parte do MPEG-2 que trata da codificação de vídeo é um padrão genérico, contendo muitos algoritmos e ferramentas. O uso de diferentes subconjuntos do MPEG de uma forma desordenada poderia inviabilizar a interoperabilidade dos sistemas. Por tal motivo, foi criada uma estrutura hierarquizada de perfis e níveis, de forma a garantir a interoperabilidade de sistemas mesmo que estes estejam operando em níveis diferentes. Existem cinco perfis definidos, sendo que cada perfil contempla um conjunto de facilidades, ou seja, de algoritmos e ferramentas, sendo orientado a determinados tipos de aplicações. Os níveis definem as restrições sobre os parâmetros, o que restringe o escopo das aplicações. Dentro de cada perfil, um nível mais alto engloba todas as funcionalidades do nível inferior.

Com relação a codificação de áudio, o sistema europeu prevê o uso do MPEG-2 BS e o japonês do MPEG-2 AAC. Os americanos optaram por usar o padrão Dolby AC-3. Todos os sistemas prevêem a transmissão de 6 canais distribuídos conforme mostra a figura 30. Onde uma caixa de som deve ser instalada exatamente à frente da audiência, acima ou abaixo do aparelho de televisão, principalmente para reprodução dos diálogos. Nas laterais, à frente, deve ser instalado um par de caixas de som, para a reprodução da trilha sonora do programa sendo assistido, de forma similar ao efeito estéreo já conhecido. Atrás da audiência, lateralmente, deve ser posicionado mais um par de caixas de som, para a reprodução do som *surround*, cuja principal função é proporcionar a terceira dimensão da trilha sonora. Por fim, uma sexta e última caixa de som, especial para a reprodução de sons de baixa freqüência (conhecida como *subwoofer*), deverá ser posicionada, preferencialmente, próxima a uma das extremidades do ambiente. O ambiente estabelecido por um aparelho de televisão (normalmente de tela grande, maior do que 29 polegadas) e a distribuição das caixas de som acima apresentada ficou conhecido nos últimos anos como *home theater*.

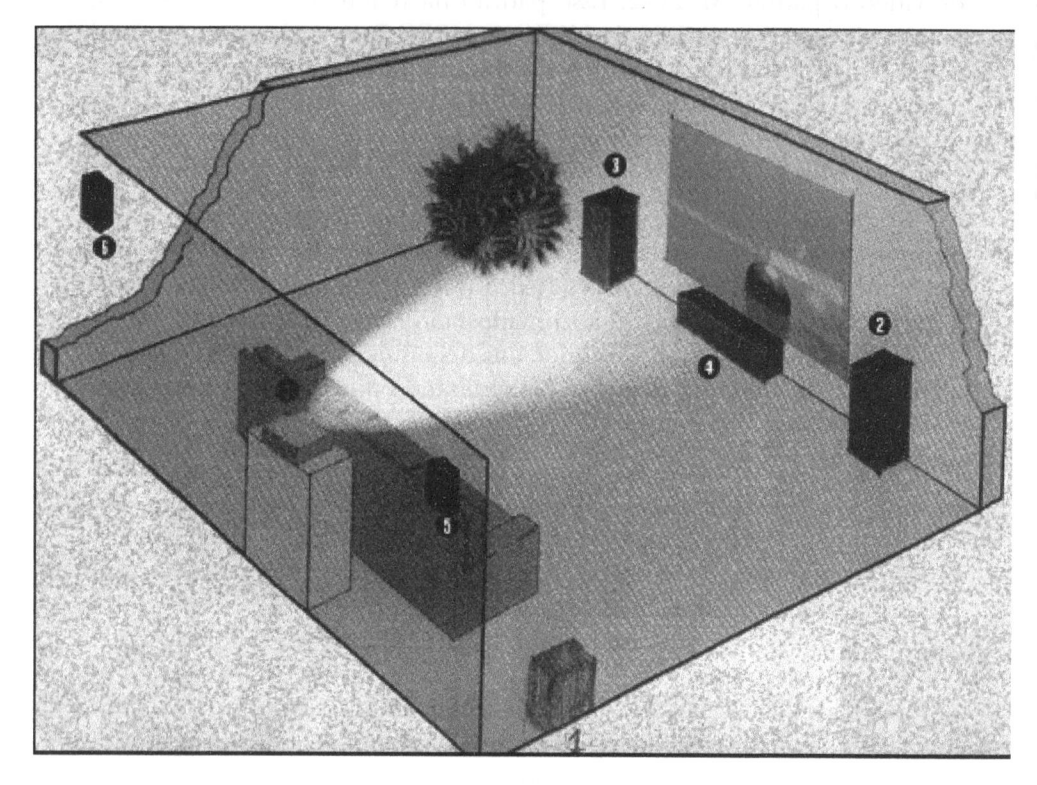

Figura 30 – Distribuição das caixas de som em ambientes de TV digital

1.3. Padrões de *middleware*

As tecnologias de TVDI permitem a fabricação de STBs com diferentes arquiteturas de hardware, cujas capacidades de processamento, armazenamento e comunicação são bastante variáveis. Além disso, estes diversos dispositivos também podem adotar diferentes sistemas operacionais.

Nesse cenário de hardware e software heterogêneos, os desenvolvedores de aplicações devem escrever diferentes versões dos programas para cada combinação de hardware e sistema operacional dos diversos tipos de

STBs. Conseqüentemente, a heterogeneidade das plataformas torna o desenvolvimento de aplicações para TVDI uma atividade ineficiente e de custo elevado, que pode inviabilizar sua adoção em larga escala.

Para tornar mais eficiente o desenvolvimento de aplicações, bem como reduzir os custos associados, favorecendo assim a consolidação da TVDI, os fabricantes e provedores de conteúdo perceberam que a solução é adotar mecanismos que tornem portáveis as aplicações e os serviços nos diversos tipos de STBs.

Nesse sentido, para atender ao requisito de portabilidade, os STBs devem prover às aplicações uma API (Application Programming Interface) genérica, padronizada e bem definida. Esta API deve abstrair as especificidades e heterogeneidades de hardware e software dos diversos tipos de dispositivos receptores.

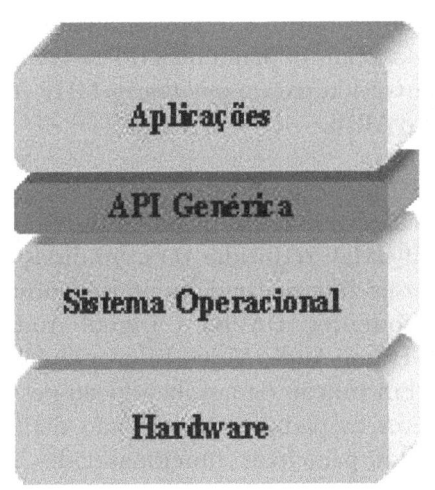

Figura 31 – Portabilidade baseada em API genérica

Para prover esta API genérica, uma camada de software adicional, denominada *middleware*, deve ser incluída entre o sistema operacional e as aplicações. O objetivo do *middleware* é oferecer um serviço padronizado às aplicações, escondendo as especificidades e heterogeneidades das camadas de hardware e sistema operacional, que dão suporte às facilidades básicas de codificação, transporte e modulação de um sistema de televisão digital.

Oferecendo uma API padronizada, o *middleware* incrementa a portabilidade das aplicações. Desta forma, as aplicações não acessam diretamente as facilidades providas pelo sistema operacional e o hardware do dispositivo, mas apenas os serviços oferecidos pela camada de *middleware*. Conseqüentemente, sem qualquer tipo de modificação no código, as aplicações podem ser diretamente executadas em qualquer STB que suporte o *middleware* adotado em seu desenvolvimento.

Em função dos benefícios da adoção de uma camada de *middleware*, diversos órgãos de padronização concentraram esforços na especificação de padrões de *middleware*. Como resultado destes esforços, atualmente, existem três padrões de *middleware* para TVDI: MHP – Multimedia Home Platform (ETSI, 2003c), DASE – DTV Application Software Environment (ATSC, 2003) e ARIB – Association of Radio Industries and Businesses (ARIB, 2002).

Apesar da existência de padrões, para ser suportado nos diversos tipos de STBs, determinado padrão de *middleware* deve ser implementado para cada plataforma de hardware e sistema operacional. Vale ressaltar que, embora as aplicações se tornem portáveis entre diferentes plataformas de hardware e sistema operacional, elas ficam dependentes do *middleware* adotado. Ou seja, uma aplicação desenvolvida para o *middleware* MHP não é diretamente portável para o DASE e o ARIB.

Blocos fundamentais

Embora os diversos padrões de *middleware* não sejam compatíveis entre si, esses padrões adotam versões modificadas, reduzidas ou estendidas de determinados componentes. Entre esses blocos fundamentais comuns, podemos destacar os seguintes componentes: DAVIC – Digital Audio-Visual Council (DAVIC, 1999); HAVi – Home Audio Video Interoperability (HAVi, 2001) e Java TV (Sun, 2000). Em função da ampla adoção desses blocos fundamentais, antes de descrever os padrões de televisão digital, apresentamos uma breve descrição das principais funcionalidades do DAVIC, HAVi e Java TV.

DAVIC

DAVIC é uma associação que representa diversos setores da indústria audiovisual, que foi iniciada em 1994, mas extinta após cinco anos de atividade, conforme já previsto no seu estatuto. O principal objetivo da associação DAVIC foi especificar um padrão da indústria para interoperabilidade fim-a-fim de informações audiovisual digital interativa e por difusão.

Para obter esta interoperabilidade, as especificações DAVIC (DAVIC, 1999) definem interfaces em diversos pontos de referência, onde cada interface é definida por um conjunto de fluxos de informações e protocolos. As normas DAVIC especificam formatos de conteúdos para diversos tipos de objetos (fonte, texto, hipertexto, áudio e vídeo) e também incluem facilidades para controlar a língua adotada no áudio e na legenda.

Além disso, as especificações DAVIC definem diversas APIs relacionadas a informações de serviços, filtragem de informações, notificação de modificações nos recursos, sintonização de canais de transporte (*tuning*) e controle de acesso:

• Service Information API: provê às aplicações uma interface de alto nível para acessar informações de serviços presentes em fluxos MPEG-2. Esta API define métodos para acessar todas as informações presentes nas tabelas de serviços (SI Tables), permitindo, por exemplo, que um guia de programação eletrônico (EPG – Electronic Program Guide) possa identificar o escalonamento dos programas de cada serviço.

• MPEG-2 Section Filter API: permite que as aplicações identifiquem a ocorrência de determinados padrões nos dados mantidos em seções privadas MPEG-2;

• Resource Notification API: define um mecanismo padrão para aplicações registrarem interesse em determinados recursos e serem notificadas de mudanças nestes recursos;

• Tuning API: especifica uma interface de alto nível para fisicamente sintonizar os diferentes fluxos de transporte;

• Conditional Access API: provê uma interface básica para o sistema de controle de acesso. Por exemplo, esta API permite a aplicação verificar se o usuário possui direito de acesso a um dado serviço ou evento;

• DSM-CC User-to-Network API: define mecanismos para que as aplicações possam controlar as sessões DSM-CC.

Para apresentação de saída gráfica, as especificações DAVIC adotam um subconjunto do pacote AWT de interface com o usuário da API Java. Para apresentar fluxos de áudio e vídeo, as especificações DAVIC adotam o JMF – Java Media Framework (Sun, 1999) e definem algumas extensões para características específicas de televisão digital. Por exemplo, as especificações definem APIs para sincronizar aplicações em um instante específico de tempo de um determinado conteúdo e gerenciar eventos incluídos no conteúdo ou início da apresentação de uma determinada mídia.

HAVi

HAVi é uma iniciativa das oito maiores companhias de produtos eletrônicos que especifica um padrão para interconexão e interoperação de dispositivos de áudio e vídeo digital. A especificação (HAVi, 2001) permite que os dispositivos de áudio e vídeo da rede possam interagir entre si, como também define mecanismos que permitem que as funcionalidades de um dispositivo possam ser remotamente usadas e controladas a partir de outro dispositivo.

A especificação HAVi é independente de plataforma e linguagem de programação, podendo ser implementada em qualquer linguagem para qualquer processador e sistema operacional. Desta forma, a especificação HAVi permite que os fabricantes projetem dispositivos interoperáveis e os desenvolvedores de aplicações possam escrever aplicações Java para esses dispositivos, usando a API provida pelo HAVi.

No contexto de televisão digital interativa, o STB pode ser conectado em uma rede HAVi, podendo compartilhar seus recursos com outros dispositivos e usar os recursos de outros dispositivos para compor aplicações mais sofisticadas. Por exemplo, um STB pode gerar um menu completo que permite ao usuário acessar funcionalidades de qualquer dispositivo ou uma combinação de dispositivos HAVi, usando somente o controle remoto da televisão e apresentando o sistema de forma consistente para o usuário. Como outro exemplo, um STB pode automaticamente programar o aparelho de vídeo cassete a partir das informações obtidas do guia de programação eletrônico (EPG – Electronic Program Guide).

HAVi adota o padrão de rede IEEE-1394 – Firewire (IEEE, 1995) que atualmente suporta uma taxa de transmissão de até 400Mbps e é capaz de suportar comunicação isócrona, tornando-o adequado para tratamento simultâneo de múltiplos fluxos de áudio e vídeo digital em tempo real.

A especificação HAVi define uma arquitetura de software distribuída cujos elementos de software asseguram a interoperabilidade e implementam serviços básicos tais como: gerenciamento da rede, comunicação entre dispositivos e gerenciamento da interface com os usuários. HAVi define um conjunto de serviços distribuídos que suportam APIs Java padronizadas, permitindo que aplicações distribuídas possam transparentemente acessar os serviços pela rede. Para assegurar a interoperabilidade, todos os elementos de software se comunicam usando um mecanismo de passagem de mensagem que adota formatos de mensagens e protocolos padronizados pelo HAVi. Os elementos de software da arquitetura HAVi são:

• 1394 Communication Media Manager: coordena a comunicação assíncrona e isócrona em uma rede IEEE-1394;

• Messaging System: responsável pela passagem de mensagens entre os diversos elementos de software;

• Registry: define um serviço de diretório que permite localizar os diversos elementos de software na rede e identificar suas funcionalidades e propriedades;

• Event Manager: implementa um serviço de notificação de eventos, que sinaliza mudanças no estado dos elementos de software ou na configuração da rede HAVi;

• Stream Manager: gerencia a transferência em tempo real de fluxos de áudio e vídeo entre elementos de software;

• Resource Manager: controla o compartilhamento de recursos e realiza o escalonamento de ações;

• Device Control Module (DCM): representa um dispositivo da rede HAVi e expõe as APIs deste dispositivo. Cada dispositivo da rede HAVi possui um DCM associado;

• DCM Manager: coordena a instalação e remoção de DCMs.

Java TV

Java TV (Sun, 2000) é uma extensão da plataforma Java que permite a produção de conteúdo para televisão interativa. O principal objetivo de Java TV é viabilizar o desenvolvimento de aplicações interativas portáveis, que são independentes da tecnologia de rede de difusão.

Java TV consiste de uma máquina virtual Java JVM – Java Virtual Machine (Lindholm e Yellin, 1999) e várias bibliotecas de códigos reusáveis e específicos para televisão digital interativa. A JVM é hospedada e executada no próprio STB. Java TV foi desenvolvida sobre o ambiente J2ME (Sun, 2002), que foi projetado para operar em dispositivos com restrições de recursos. Nesse contexto, determinadas características da plataforma Java foram excluídas, pois são consideradas desnecessárias ou inadequadas para tais ambientes. No entanto, o J2ME não define funcionalidades específicas de televisão. Tais funcionalidades são incluídas em Java TV.

Java TV permite níveis avançados de interatividade, gráficos de qualidade e processamento local no próprio STB. Essas facilidades oferecem um amplo espectro de possibilidades para os desenvolvedores de conteúdo, mesmo na ausência de um canal de retorno. Por exemplo, EPGs podem oferecer uma visão geral da programação disponível, permitindo a mudança para o canal desejado pelo usuário. Por meio de mecanismos de sincronização, aplicações específicas podem ser associadas a determinado programa de televisão. Além disso, aplicações isoladas podem executar de forma independente do programa de televisão.

Em Java TV, programas de televisão tradicionais e interativos são caracterizados como um conjunto de serviços individuais. Um serviço é uma coleção de conteúdo para apresentação em um STB. Por exemplo, um serviço pode representar um programa de televisão convencional, com áudio e vídeo sincronizados, ou um programa de televisão interativa, que contém áudio, vídeo, dados e aplicações associadas.

Cada serviço Java TV é caracterizado por um conjunto de informações que descrevem o conteúdo do serviço (SI – Service Information). As informações sobre os serviços disponíveis são armazenadas em uma base de dados de informações de serviços (SI database).

A API Java TV provê uma abstração que permite aplicações obterem informações sobre os diversos serviços disponíveis de forma independente do hardware e dos protocolos adotados. Desta forma, uma aplicação pode ser reusada em uma variedade de ambientes.

Java TV define vários pacotes que suportam um conjunto de facilidades para selecionar serviços, obter informações dos serviços, filtrar informações de serviços, controlar a apresentação dos serviços, acessar informações que são entregues pelo canal de difusão e gerenciar o ciclo de vida das aplicações. As informações dos serviços podem ser acessadas por filtros que encontram apenas os serviços de interesse da aplicação. A API Java TV usa o JMF (Sun, 1999) para tratar os fluxos digitais que são recebidos pelo STB, definindo fontes de dados e manipuladores de conteúdo.

Uma aplicação Java TV é denominada Xlet. Xlets não precisam estar previamente armazenados no STB, pois podem ser enviados pelo canal de difusão quando necessários. Ou seja, o modelo Xlet é baseado na transferência de código executável pelo canal de difusão para o STB e posterior carga e execução do mesmo, de forma automática ou manual. Um Xlet é bastante similar a um Applet na *Web* ou MIDlet em celulares e outros dispositivos móveis.

O ciclo de vida de um Xlet é composto por 4 estados: *loaded, paused, active* e *destroyed*. Todo Xlet deve implementar a interface *javax.tv.xlet.Xlet*, cujos métodos são ativados para sinalizar mudanças de estado da aplicação. A figura 32 ilustra o ciclo de vida de um Xlet, identificando os estados e os métodos suportados por sua interface.

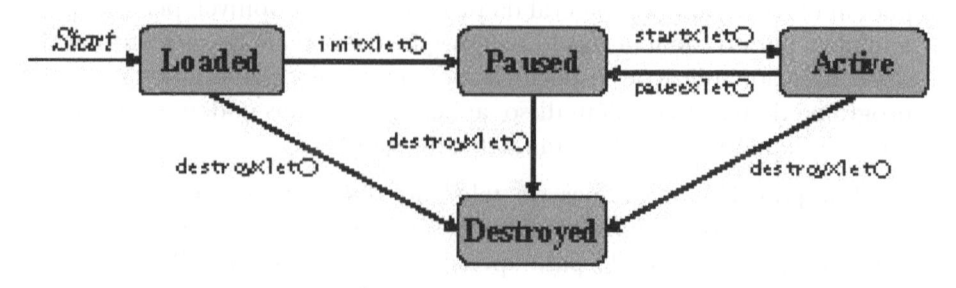

Figura 32 – Ciclo de vida de um Xlet

Para gerenciar o ciclo de vida das aplicações (Xlets), Java TV define o conceito de um gerente de aplicação (*application manager*). O estado de um Xlet pode ser mudado pelo gerente de aplicação ou pelo próprio Xlet. Para tal, métodos da interface Xlet devem ser ativados pelo gerente de aplicação ou pelo próprio Xlet. Nesse último caso, o próprio Xlet notifica o gerente de aplicação sobre a transição de estado via um mecanismo de *callback*, configurado durante o processo de inicialização do Xlet. Dessa forma, o estado de um Xlet é sempre conhecido pelo gerente de aplicação.

Inicialmente, o Xlet é instanciado pelo gerente de aplicação usando o método *new*. Após a instanciação, o Xlet encontra-se no estado *loaded*. Em seguida, o Xlet pode ser inicializado pelo gerente de aplicação usando o método initXlet. No processo de inicialização, o gerente de aplicação passa para o Xlet um objeto XletContext que define o contexto de execução do Xlet. Por meio deste objeto, o Xlet pode obter propriedades do ambiente de execução e notificar o gerente de aplicação sobre mudanças de estados via o mecanismo de *callback*.

Após a inicialização, o Xlet encontra-se no estado *paused*. Nesse estado, o Xlet não pode manter ou usar nenhum recurso compartilhado. O Xlet no estado *paused* pode ser ativado usando o método *startXlet*. Após a ativação, o Xlet encontra-se no estado *active*. Neste estado, o Xlet ativa suas funcionalidades e provê seus serviços. O Xlet no estado *active* pode voltar ao estado *paused* usando o método *pauseXlet*. Em qualquer estado, um Xlet pode ser destruído usando o método *destroyXlet*. Após ser destruído, o Xlet libera todos os recursos e finaliza a execução.

Java TV tem sido amplamente adotado por organizações de padronização, tornando-o um forte candidato a padrão mundial para conteúdo de televisão digital interativa. Por exemplo, diversas implementações de *middleware* adotam o modelo Java TV, com ligeiras diferenças entre si.

1.4. Padrões de *midlleware* para TVDI

DVB

Na camada de *middleware*, o padrão DVB adota o MHP, cuja especificação é denominada DVB-MHP (Digital Video Broadcasting – Multimedia Home Platform) (ETSI, 2003c). A plataforma MHP começou a ser especificada pelo projeto DVB em 1997. No entanto, a primeira versão (MHP 1.0) foi oficialmente lançada em junho de 2000. Após um ano do lançamento da primeira versão, em junho de 2001, foi lançada uma nova especificação (MHP 1.1). Em junho de 2003, foi lançada a versão 1.1.1 do MHP.

O MHP define uma interface genérica entre as aplicações e o *set-top box* (hardware e sistema operacional), no qual as aplicações são executadas. Além disso, o MHP define o modelo e o ciclo de vida das aplicações, como também os protocolos e os mecanismos de distribuição de dados em ambientes de televisão pseudo-interativa e interativa.

Nas versões 1.1 e 1.1.1, o MHP provê funcionalidades adicionais em relação à versão inicial, incluindo, por exemplo, a possibilidade de carregar programas interativos pelo canal de retorno e pelo suporte opcional a aplicações desenvolvidas usando uma linguagem declarativa.

A partir da versão 1.1, o MHP adota modelos de aplicações baseados em linguagens procedural e declarativa. No modelo procedural, o MHP suporta a execução de aplicações Java TV, denominadas DVB-J. No modelo declarativo, opcionalmente, o MHP suporta a execução de aplicações desenvolvidas com tecnologias relacionadas à linguagem HTML, denominadas DVB-HTML.

DASE/ATSC

Na camada de *middleware*, o padrão ATSC adota o DASE (DTV Application Software Environment) (ATSC, 2003), definindo uma camada de software que permite a programação de conteúdo e aplicações. O DASE adota modelos de aplicações baseados em linguagens procedural e declarativa. No modelo procedural, o DASE suporta a execução de aplicações Java TV. No modelo declarativo, o DASE suporta a execução de aplicações desenvolvidas em uma versão estendida da linguagem HTML.

ARIB/ISDB

Na camada de *middleware*, o padrão ISDB adota a plataforma padronizada pelo ARIB (Association of Radio Industries and Businesses) (ARIB, 2002), definindo uma camada de software que permite a programação de conteúdo e aplicações. O ARIB adota um modelo de aplicação baseado na linguagem declarativa denominada BML (Broadcast Markup Language), que é baseada na linguagem XML (Extensible Markup Language).

1.5. Prática em desenvolvimento de aplicações para TVDI

Esta seção apresenta um breve tutorial sobre desenvolvimento de aplicações para sistemas de TDVI, com ênfase nas características do modelo DVB-J/MHP. São apresentados elementos fundamentais para montagem de plataformas para desenvolvimento e teste de Xlets. O ciclo de desenvolvimento de aplicações será apresentado, com identificação dos passos e competências necessárias. Por fim, uma pequena aplicação será desenvolvida, integrada e executada, usando uma plataforma de testes baseada em emuladores MHP. Serão explorados o uso de componentes visuais (*widgets*), o tratamento de eventos do controle remoto, e o acesso aos arquivos do carrossel.

Uma plataforma de desenvolvimento de software para TVDI

A figura 35 apresenta um ambiente para desenvolvimento de software na plataforma MHP, que pode ser aplicada ao desenvolvimento em equipe (Frolich, 2002). Na plataforma apresentada destaca-se a presença de computadores PC1, PC2,..., PCn, que são estações de trabalho contendo o ambiente usado para edição, compilação e emulação dos Xlets. Os STBs são conectáveis a um ou mais monitores de TV e servem para testes do funcionamento dos Xlets em condições próximas às reais. O computador Carousel Adm Interface é usado para configurar os arquivos do carrossel, entre os quais estão as aplicações DVB-J que são produzidas nos PCs. O computador Multiplexer/Modulator realiza as funções de:

- Multiplexador de *streams* (incluindo o *stream* carrossel);
- Modulador do sinal que será difundido para os STBs.

O esquema de modulação usado depende do tipo de interface com o STB, onde o mais simples é fazer modulação DVB-C (cabo). Para que o A/V possa ser usado durante os testes é necessário enviar ao multiplexador um *stream* com o que deve ser apresentado, através da instalação de um streamer, que pode estar na mesma máquina onde está o gerador de carrossel. O canal de retorno é fornecido por uma rede ethernet, em que o MHP Back-End Server atua como o provedor de serviço.

O ciclo de desenvolvimento nesta plataforma é composto por seis passos:

1. Edição e compilação dos Xlets no PC;
2. Emulação e teste inicial dos Xlets no PC;
3. Carga do Xlet no gerador de carrossel;
4. Sintonização do STB no canal onde está sendo transmitido o carrossel;
5. Carga manual ou automática (*auto start*) do Xlet no STB;
6. Teste e coleta de dados sobre funcionamento do Xlet executando no STB.

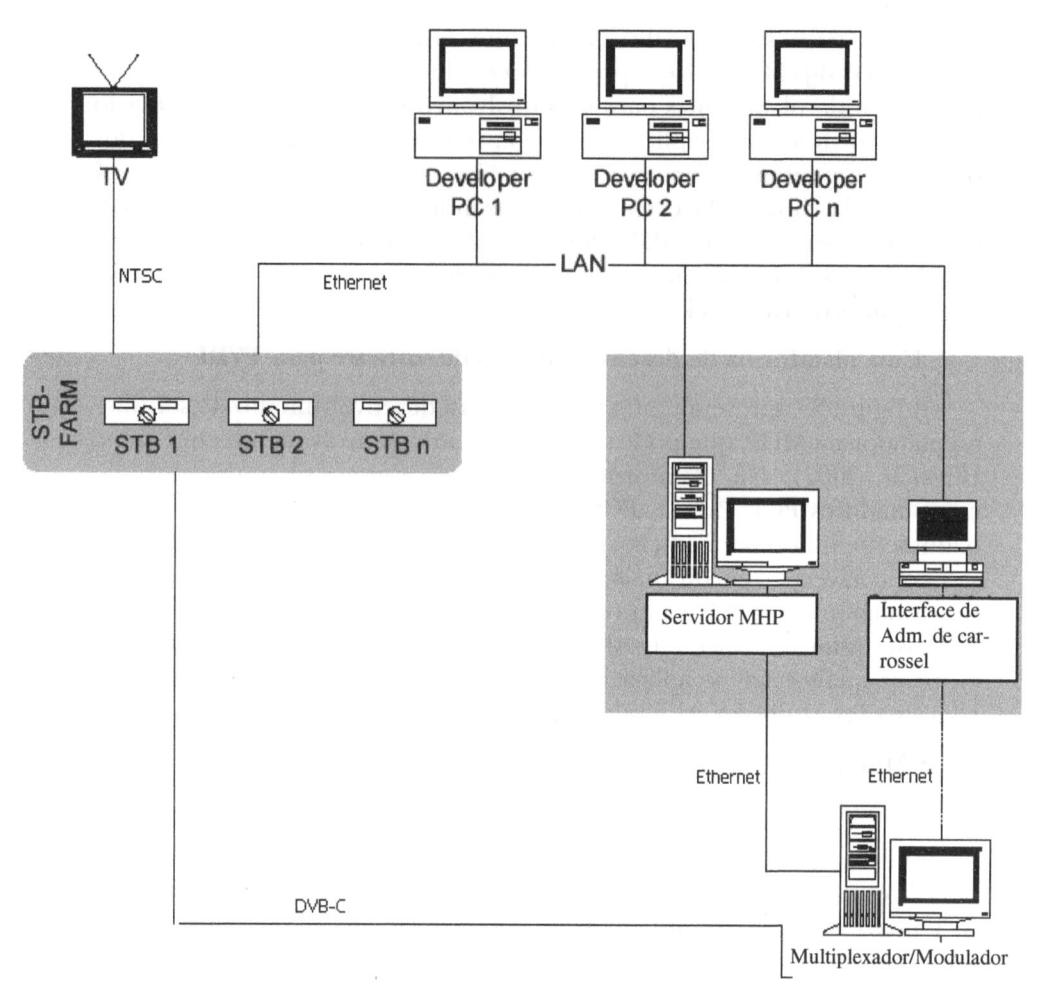

Figura 33 – Ambiente para desenvolvimento MHP em equipe

1.6. Uma plataforma pessoal para desenvolvimento DVB-J/MHP

A figura 34 apresenta uma plataforma simplificada para desenvolvimento DVB-J/MHP, composta basicamente por três elementos de hardware: TV, PC e STB. O PC é usado para codificação e emulação de Xlets. A carga de Xlets é feita manualmente, com o uso de um software *loader* que carrega o Xlet no STB por um cabo serial. O canal de retorno do STB é feito pela saída ethernet. Alguns STBs para desenvolvimento são comercializados pela ADB Global (ADB, 2004).

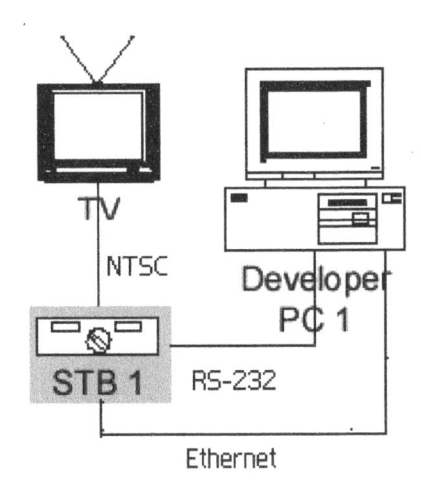

Figura 34 – Plataforma individual para desenvolvimento DVB-J/MHP

Uso de emuladores

Caso não se tenha acesso a um STB, ainda assim é possível realizar a prototipação de aplicações DVB-J, por meio do uso de emuladores. Emuladores permitem montar um ambiente para aprendizagem introdutória ao desenvolvimento de aplicações DVB-J. É importante ressaltar que o funcionamento de aplicações DVB-J em emuladores apresenta diferenças significativas no que se refere a desempenho e interface com o usuário. Tendo estas limitações em mente, são apresentados os passos necessários para iniciar o desenvolvimento de aplicações para TVDI.

O emulador de Xlets da Espial

Para emular os programas aqui apresentados será utilizado o Espial's iTV Reference Platform, disponível em (Espial, 2002). O emulador Espial contém um subconjunto mínimo do MHP, suficiente para a construção de Xlets simples. Uma versão de avaliação do emulador é fornecida sem custo. Para que o emulador funcione é preciso instalar o J2SDK (Java Development Kit). Após o *download* e descompactação dos arquivos do emulador, pode-se executar o arquivo runit.bat, que está na pasta em que foi descompactado o emulador. Aparecerá na tela um conjunto de três janelas como na figura a seguir.

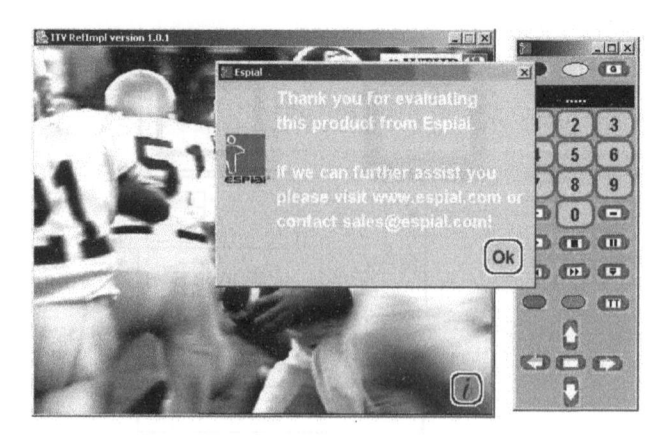

Figura 35 – Aspecto do emulador Espial's iTV Reference Platform

A tela de título Espial, que aparece na frente das demais, é executada sempre que o emulador é iniciado e pode ser fechada ao pressionar do *mouse* no botão ok. A tela que aparece à direita da figura emula o funcionamento do controle remoto. Observe que não existe teclado, e que em geral o usuário espera usar apenas as setas de navegação na região inferior do controle remoto para interagir com a aplicação. A tela à esquerda emula o funcionamento da tela de TV e será chamada de monitor. Apenas imagens estáticas são apresentadas no monitor, pois o objetivo é emular apenas o comportamento das aplicações DVB-J, cuja interface em geral será sobreposta ao "vídeo" emulado. No canto inferior direito do monitor existe um pequeno botão com um símbolo "i", que emula o botão de ativação manual da interação, que aparece quando há um Xlet disponível no carrossel.

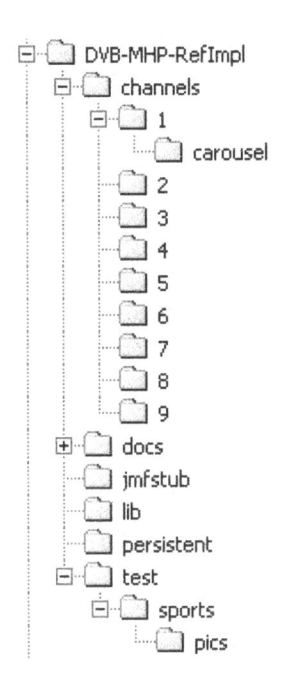

```
⊟─🗀 DVB-MHP-RefImpl
  ⊟─🗀 channels
    ⊟─🗀 1
    │   └─🗀 carousel
    ├─🗀 2
    ├─🗀 3
    ├─🗀 4
    ├─🗀 5
    ├─🗀 6
    ├─🗀 7
    ├─🗀 8
    └─🗀 9
  ⊞─🗀 docs
    🗀 jmfstub
    🗀 lib
    🗀 persistent
  ⊟─🗀 test
    ⊟─🗀 sports
        └─🗀 pics
```

Figura 36 – Sistema de arquivos do emulador Espial

A plataforma Espial permite a emulação da carga e execução de Xlets bem como dos arquivos no carrossel. A estrutura de arquivos do emulador é apresentada na figura 36. A pasta *channels* emula as informações associadas aos canais (serviços) que são sintonizados pelo usuário, em número de 1 a 9. Na pasta de cada serviço existe um arquivo *channel.properties*, em formato texto, no qual estão definidos os valores de dois atributos: TVImage=<IMAGE>.jpg e Xlet=<XLET>. <IMAGE> é o nome do arquivo que contém a imagem a ser apresentada quando o serviço for selecionado, e <XLET> é o nome do Xlet a ser executado automaticamente quando o usuário selecionar o serviço. Em um STB real o Xlet só é executado automaticamente se o Xlet e STB estiverem configurados no modo *auto start*. A pasta carrossel, contida na pasta de cada um dos serviços, emula os arquivos que são distribuídos no carrossel. A pasta *docs* contém *javadocs* da biblioteca MHP, apresentados na figura a seguir.

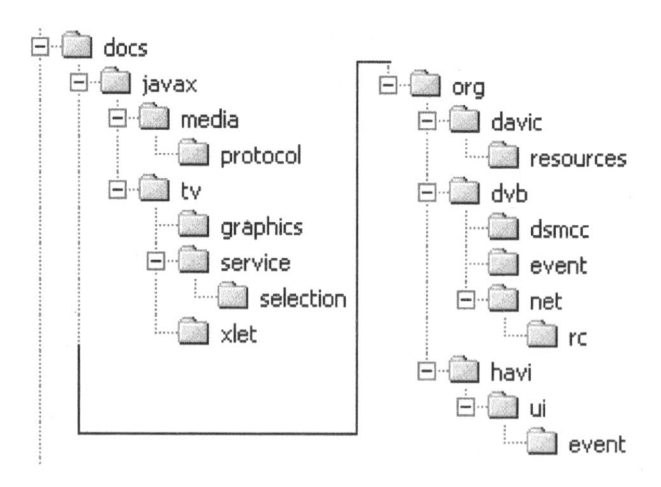

Figura 37 – *Packages* do subconjunto MHP disponíveis no emulador Espial

Na figura 36 as pastas *jmfstub* e *lib* contêm as bibliotecas de apoio à compilação e emulação MHP. A pasta *persistent* emula o sistema de arquivos persistentes do STB, possivelmente armazenados numa memória *flash* ou em um HD do STB real. Em um STB real, os Xlets também são distribuídos pela pasta carrossel, mas neste emulador eles são montados a partir da área raiz do sistema de arquivos do emulador. Na pasta *test/sports* existe um Xlet de nome test.sports.SportsXlet que pode ser associado a qualquer serviço.

Um exemplo de Xlet: QuizXlet

A figura a seguir apresenta o aspecto visual do QuizXlet, um protótipo de aplicação DVB-J que faz perguntas e apresenta respostas ao usuário, estimulando sua interação com a TV.

Figura 38 – Aspecto visual do QuizXlet executado no emulador Espial

O QuizXlet é formado por duas classes: QuizXlet e QuizPanel, e importa várias outras classes, apresentadas no diagrama da figura 39. O código completo das classes que formam o QuizXlet é apresentado a seguir, e para facilitar o entendimento do mesmo, as linhas que realizam as funções descritas no texto são indicadas entre chaves.

QuizXlet implementa a interface Xlet {28} e, desse modo, se obriga a implementar os métodos initXlet() {51}, startXlet() {75}, pauseXlet() {89} e destroyXlet() {93}. Adicionalmente, o QuizXlet é responsável por obter as perguntas e respostas que serão mostradas ao usuário através do *object carrousel*. Para tal, QuizXlet implementa a interface Asynchronous Loading Event Listener {28} e, desse modo, pode ser notificado da carga do arquivo no carrossel através do método receiveEvent() {97}. Esse último método recebe como argumento um Asynchronous Loading Event, que contém referência a um DSMCCObject {99}, que é um arquivo (File). Um FileInputStream {104} pode ser usado para ler o DSMCCObject. QuizXlet também é responsável por obter espaço na tela de TV, para apresentar a GUI. Esse espaço é definido por um objeto HAVi do tipo HScene. Um Xlet obtém uma HScene {68} por meio da chamada de um método de HSceneFactory.

A fábrica de cenas {66} precisa de um conjunto de parâmetros para formatação da cena, que estão definidos em HSceneTemplate {55}, este útimo contendo principalmente a posição (HScreenPoint {56}) e tamanho (HScreenDimension {57}) da cena na tela de TV. A HScene obtida herda de java.awt.Container, que por sua vez herda de java.awt.Component. Desse modo, a uma cena podem ser adicionados {127} outros componentes AWT, como o QuizPanel {125}. Para organizar o QuizPanel no centro da HScene, QuizXlet utiliza um BorderLayout {70}.

QuizPanel é um HAVi Container, e apresenta dois componentes visuais (*widgets*) que desempenham funções de Label e Buttom, e que são ELabel {54} e EButtom {57}, respectivamente. Estes *widgets*, produzidos pela Espial, não pertencem ao padrão MHP. Qualquer STB DVB/MHP real contém uma versão completa do *middleware* MHP, que contém componentes padronizados HAVi.

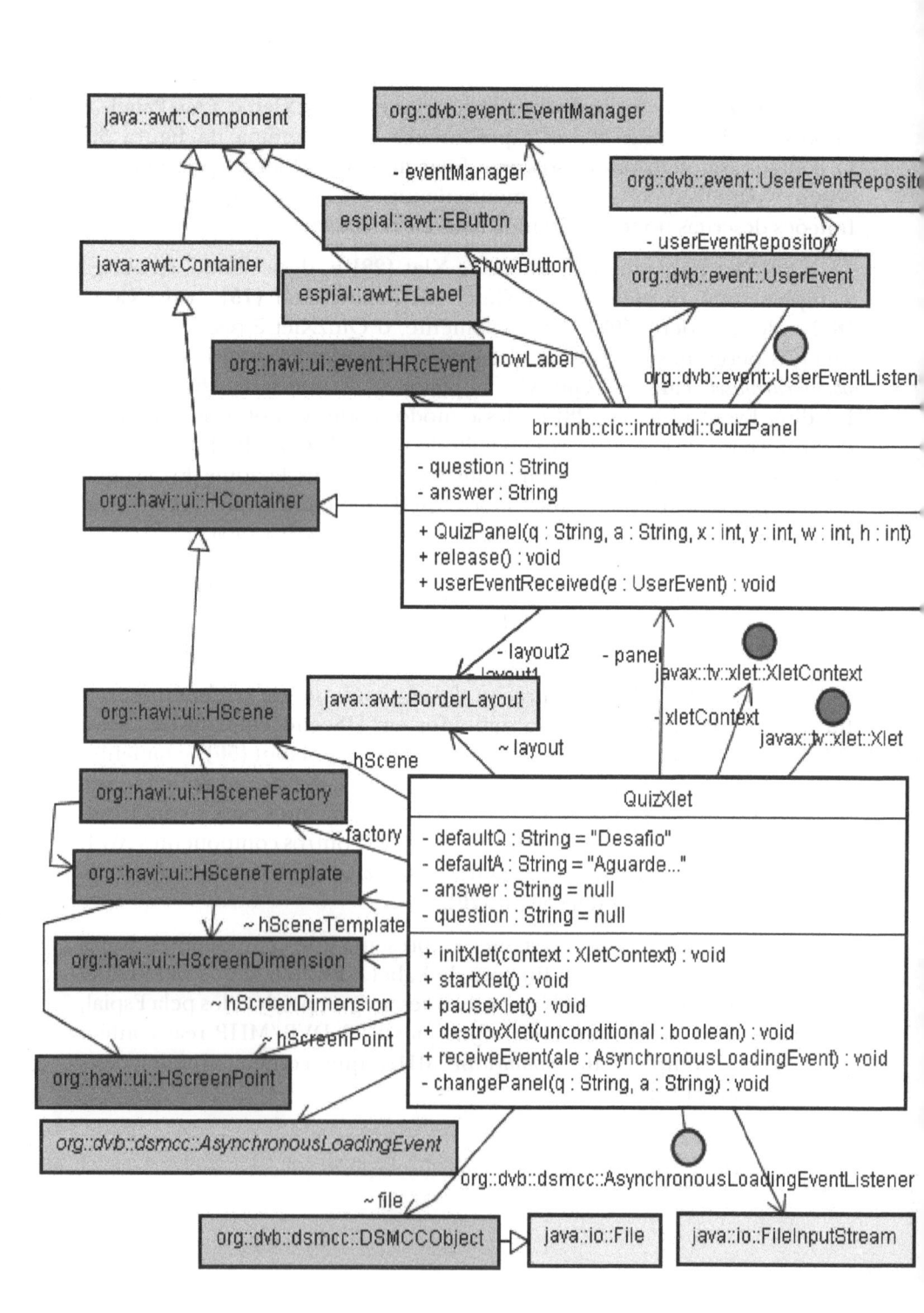

Figura 39 – Arquitetura do QuizXlet

Para capturar a interação do usuário pelo controle remoto, QuizPanel implementa a interface de notificação UserEventListener {24} e se registra junto ao EventManager {44}, informando-lhe, através de um UserEventRepository {40}, qual o conjunto de eventos de interesse que deseja ser notificado.

1.7. A opção brasileira pelo padrão japonês ISDB

A fase que antecedeu a escolha do padrão para a televisão digital brasileira é iniciada por pesquisas desenvolvidas pela Agência Nacional de Telecomunicações – ANATEL e o Centro de Pesquisas em Telecomunicações – CPqD. Foi realizado um estudo minucioso comparando os aspectos técnicos dos três padrões: americano (ATSC), europeu (MHP) e japonês (ISDB), verificando a adequação de cada um deles às necessidades brasileiras. Um dos documentos mais importantes foi o relatório assinado pelo CPqD que já pertenceu à Telebrás e que consolidou o trabalho feito por grupos brasileiros de pesquisa no âmbito do Sistema Brasileiro de Televisão Digital – SBTVD. O relatório do CPqD, entregue ao governo para fundamentar a escolha, apresentou uma visão geral dos padrões internacionais de TV digital, para codificação e transporte audiovisuais, informações sobre serviços, sincronização de dados nos padrões, *middleware* americano ATSC/DASE, *middleware* europeu MHP e *middleware* japonês ISDB/ARIB, além de um resumo comparativo entre os mesmos. De acordo com a análise de pesquisadores da área, amplamente veiculadas na imprensa e eventos especializados, este relatório é mais favorável à tecnologia européia que à japonesa. Os dados do relatório permitiram visualizar três cenários possíveis: padrão importado, padrão nacional e padrão misto.

Aproximadamente mil e quinhentos pesquisadores de universidades e centros de pesquisa que participaram do projeto do sistema brasileiro de televisão digital analisaram os modelos existentes e propuseram possibilidades de adaptações brasileiras. Neste momento, vários países da América Latina esperavam a definição do Brasil a fim de escolherem seus sistemas. Foram pesquisadas similaridades e diferenças, considerando que todos os sistemas são baseados em tecnologias amplamente conhecidas, a opinião de vários cientistas é de que a discussão priorizou o modelo de negócios. Portanto, a negociação com europeus, japoneses e americanos foi realizada por meio de lobby e pressões políticas e comerciais entre as partes interessadas.

Características do sistema

O padrão japonês para a televisão digital, escolhido pelo Brasil, é o chamado ISDB – Integrated Services Digital Broadcasting. Este padrão é derivado do padrão europeu DVB, mas guarda diferenças em relação à codificação de áudio e de *middleware*. O ISDB foi criado em 1999 pelo consórcio Dibeg – Digital Broadcasting Experts Group, que tem a emissora NHK como principal sustentáculo. Inicialmente, o ISDB substituiu o antigo MUSE – Multiple Sub-Nyquist Sampling Encoding, um sistema analógico de televisão de alta definição, com modo de transmissão via satélite. O órgão responsável por desenvolver os padrões do ISDB é chamado ARIB – Association of Radio Industries and Bussines que contou com o apoio do grupo DiBEG – Digital Broadcasting Experts Group. Pode-se afirmar, entretanto, que esta parceria foi a responsável pela promoção internacional do padrão ISDB. A principal contribuição foi a tradução dos documentos ARIB para diversas línguas. No padrão japonês a codificação de vídeo segue o padrão MPEG-2 e o áudio é AAC. O padrão ISDB é formado por um conjunto de documentos que definem as medidas adotadas em relação ao meio de transmissão, transporte, codificação, *middleware* e camada de comunicação entre o software e hardware. O *middleware* é comumente chamado de ARIB e atualmente possui compatibilidade com a especificação GEM. Uma norma capaz de integrar as plataformas de interatividade existentes e expandidas do DVB/MHP – Multimidia Home Platform, a GEM ou Globally Executable MHP, é uma especificação que estabelece APIs, protocolos e formatos de conteúdos que devem ser considerados para a televisão interativa, com interoperabilidade. A especificação GEM assegura que aplicações desenvolvidas em MHP possam ser transportadas em redes que não sejam DVB. Ao desenvolver a especificação GEM, o projeto DVB viabilizou uma forma de permitir que as entidades possam aceitar conteúdos MHP fora das redes DVB. Na prática, a GEM estabelece um conjunto de funções (API) comum aos diferentes *middlewares*, permitindo a interoperabilidade entre os terminais de acesso desenvolvidos no mundo. Em janeiro de 2002, o ISDB utilizava a norma ARIB B23, definida pela ARIB (associação dos fabricantes de equipamentos de consumo e TV do Japão), visando à harmonização de sua plataforma com o MHP acionou o GEM à especificação ARIB original, permitindo a compatibilidade com aplicações MHP.

O ISDB é utilizado somente no Japão e agora no Brasil, entretanto, sua documentação não é completamente aberta nem gratuita. Segundo especialistas na área, um dos pontos fortes da tecnologia ISDB é a recepção móvel de TV digital com qualidade, um dos critérios anunciados pelo Ministério das Comunicações do Brasil como motivo para a escolha brasileira. No que se refere à tecnologia e desempenho o padrão japonês pode ser considerado um dos mais avançados, pois teve mobilidade e flexibilidade como principal pré-requisito durante as pesquisas e testes de desenvolvimento, tornando-se referência para recepção portátil de dados e imagens que suporta modulação digital de alta qualidade. Outra característica importante do ISDB é a possibilidade de segmentação de canais. Isto é, o canal digital pode ser subdividido em vários subcanais, permitindo a transmissão paralela de múltiplos serviços.

Cenários que motivaram a escolha

Padrão ATSC

O primeiro a ser descartado foi o padrão americano ATSC (Advanced Television Systems Committee), formado por uma associação de aproximadamente 140 empresas das áreas de radiodifusão e fornecedores de equipamentos eletrônicos. Segundo informações amplamente divulgadas pelo MC (Ministério de Comunicação), esse foi o primeiro padrão descartado pelo governo brasileiro pela impossibilidade de mostrar, a curto prazo, testes sobre as transmissões com mobilidade (em ônibus, por exemplo). As experiências com esses aplicativos ainda estão sendo testadas. O sistema privilegia as transmissões em alta definição bem como possibilidades de interatividade. O governo americano não marcou presença forte nas negociações com o Brasil, que foram conduzidas pela indústria. Os representantes do ATSC foram os que menos demonstraram interesse em oferecer contrapartidas comerciais e de investimento.

Padrão Europeu

O Padrão Europeu DVB (Digital Video Broadcasting), composto por uma gama de aproximadamente 270 empresas de radiodifusão e fornecedores de equipamentos em forma de consórcio, foi um dos padrões mais bem aceitos por alguns setores governamentais. Deste consórcio fazem parte empresas como Nokia e Siemens e redes de televisão como BBC (Inglaterra). O sistema privilegia a programação múltipla, o que é visto como oportunidade para as ONGs (Organizações Não-Governamentais) e pelas teles, interessadas em novos canais de conteúdo. Representações européia reuniram-se com pesquisadores e com ministros brasileiros em diversos momentos para mostrar as vantagens e iniciar negociações.

Padrão Nacional

Foi considerada ainda a possibilidade de desenvolver um padrão totalmente brasileiro. Todos os componentes seriam específicos para o padrão nacional livre de *royalties* e também livre para explorar a exportação de componentes para outros países que viessem a adotar o padrão brasileiro. As dificuldades estariam em desenvolver um novo padrão de codificação de áudio e vídeo num pequeno espaço de tempo, pois na medida em que o Brasil avançaria neste desenvolvimento, novas tecnologias já estariam sendo lançadas no mercado. Outra dificuldade na adoção de um padrão nacional estaria nos custos altos de desenvolvimento, embora o custo dos *royalties* fosse nulo, tal diferença poderia não ser compensatória. A maior vantagem estaria na capacitação de recursos humanos, uma vez que ao ser desenvolvido no Brasil, desde o projeto até a manufatura, proporcionaria um grande salto de desenvolvimento tecnológico.

Modelo de negócios define o padrão

Ampla discussão no Brasil antecedeu a escolha do padrão. O padrão japonês foi defendido pelas grandes redes de TV. Elas alegam que essa seria a tecnologia que melhor atenderia aos requisitos de alta definição (mas também com possibilidade de transmissão em definição padrão, com qualidade inferior, para permitir a múltipla programação), além da portabilidade e mobilidade em 6 MHz, mesma quantidade do espectro utilizada hoje pelas emissoras. A pressão exercida pelas grandes redes como Globo e SBT, além dos investimentos oferecidos pelos japoneses e a promessa de atendimento a toda demanda da indústria brasileira, inclusive a de radiodifusão, acabou por influenciar a tomada de decisão. Para as redes de TV, somente o padrão de modulação do sistema japonês proporciona, hoje, as funcionalidades que lhes assegurariam sobrevivência nos próximos dez anos. Essa tecnologia lhes permitiria bloquear o acesso às teles e de novas emissoras ao espectro da TV digital, mantendo o monopólio.

Os representantes do sistema japonês de TV digital superaram a oferta feita pelos europeus ao governo brasileiro de investimentos na ordem de 400 milhões de euros, para implantação de seu sistema no Brasil. A batalha envolveu um negócio capaz de render, só na venda de novos aparelhos e acessórios, 1 bilhão de dólares nos próximos cinco anos, além de assegurar os menores preços possíveis aos produtos de TV digital para atender à maioria da população; imagem de alta definição; mobilidade; multiprogramação; tecnologia de modulação que garanta sinal estável e robusto.

Críticos argumentam que a tecnologia ISDB, eleita no Brasil só foi adotada em duas cidades japonesas. Todos os países da Ásia optaram pela tecnologia européia considerada mais aberta.

A televisão como conhecemos nesta década está em vias de extinção. Em seu lugar está surgindo uma TV com qualidade de imagem e possibilidades de interatividade nunca antes imaginado. A televisão migrará dos lares para celulares e aparelhos móveis em ônibus e trens. Enfim, terá a interatividade que hoje somente é possível pelos computadores. Este pode ser considerado o passo tecnológico mais importante dado pelo país desde o lançamento dos celulares, no início dos anos de 1990.

Glossário de termos

Uma das dificuldades assinaladas por pesquisadores de equipes interdisciplinares, em relação aos documentos e relatórios consultados, foi a questão do uso de terminologias específicas em cada domínio acerca do trabalho colaborativo. Assim, procuramos ao longo da pesquisa elaborar uma ontologia de termos, aglutinando termos técnicos utilizados no âmbito das tecnologias da informação e comunicação para facilitar a consulta feita por colegas pesquisadores e outros interessados.

Abertura
No domínio da tela LCD, a matriz ativa corresponde à relação entre a superfície por onde passa a luz e a superfície total da tela.

ADSL
A Asymetric Digital Subscriber Line é uma tecnologia que permite a transmissão de dados via banda larga, codificados pelo telefone clássico. A norma ADSL especifica uma transmissão assimétrica descendente (da central para o assinante) de 8 mbit/s, numa distância de 3,6 km, e ascendente (do assinante para a central), de 1 mbit/s.

ADSL2
Melhoria tecnológica da ADSL (referência G.992.3 União Internacional de Telecomunicações), garantindo o acesso a mais de 5 km de 50 kbit/s, com relação à ADSL. Os assinantes situados a 1,5 km da central telefônica podem se beneficiar de uma velocidade de transmissão descendente de 12 mbit/s.

ADPCM
Adaptative Differential Pulse Code Modulation. Família de codagem de sub-bandas, aplicada à voz e música, para melhoria da qualidade de restituição de sinal de áudio.

AES
Advanced Encryption Standard. Algoritmo de codificação conhecido com o nome de Rijndael. Foi escolhido para substituir o padrão DES, para proteger dados sensíveis. Especifica três tipos de chaves: 128 bits, 192 bits e 256 bits, com o máximo de 1077 combinações.

Agente
Agente físico ou virtual, capaz de agir em um ambiente e comunicar-se com outros agentes. Possui fontes próprias, podendo perceber, de forma limitada, seu ambiente com competência, oferecendo serviços e podendo eventualmente se reproduzir; seu comportamento tende a satisfazer objetivos em função de sua percepção, das representações e comunicações recebidas.

Agente inteligente
Agent Intelligent é um software que tem possibilidade de realizar missões autônomas numa rede, considerando as necessidades dos utilizadores. Um agente é, em geral, especializado em uma dada missão, notadamente missões de busca, atualização de informações, segurança de redes etc.

Animat
Contração das palavras animal e autômatos. Designa robôs reais ou simulados que tenham um comportamento adaptativo e, para os quais, as interações com o meio ambiente são essenciais.

Andróide
Homem artificial.
Auto-organização
Qualidade de um sistema que obedece a leis internas fixadas.
Antimemória associativa
Organização da antimemória em que os endereços da memória principal do sistema são representados por endereços da memória RAM da antimemória.
APDU
Application Protocol Data Units. Designação de dados e mensagens que correspondem a comandos e respostas de serviços oferecidos por uma plataforma material e softwares simples (ex.: *chip* de um cartão de crédito).
API
Application Programming Interface. Padrão de ferramenta de interface para permitir a exploração do sistema na exploração de camadas de acesso a redes.
Applet Java
Aplicação de pequeno porte (ko), escrita em linguagem de alto nível e traduzida em bit-code, após compilação, e, em seguida, interpretada por uma máquina virtual integrada no navegador *web*.
Arquitetura superescalar
Extensão da arquitetura RISC, pela qual várias instruções de tipos diferentes são decodificadas simultaneamente e lançadas em paralelo.
Árvore semântica
A árvore semântica, ou árvore de estruturação semântica, é uma ferramenta de qualificação de conteúdos, que utiliza uma estrutura gráfica arborescente. Permite que os utilizadores estruturem informações, segundo suas necessidades, sem modificar o documento original. Cada galho da árvore representa um nível de estruturação semântica. Ao colocar o cursor em um dos galhos, pode-se movê-lo ao longo da árvore para encontrar termos em articulação. As informações de estruturação obtidas a partir de uma árvore semântica são repartidas em redes abertas. O documento fonte não é modificado. A informaçao de estruturação contém o endereço do documento fonte e as outras estruturas definidas pelos utilizadores.
ASSP
Application Specific Standard Product. Um ASSP é um circuito integrado padrão, conhecido especialmente por responder às necessidades de um tipo de aplicação e não à aplicação própria de um cliente, como acontece com os circuitos específicos.
ATM
Asynchronous Transfer Mode. Tecnologia de telecomunicação que permite o transporte de voz, de dados e de redes de imagens sobre uma mesma infra-estrutura de rede de banda larga de alta transmissão (acima de 25 Mbit/s). Essa técnica se caracteriza por um protocolo de comutação de pequenas células de largura fixa (53 octetos), bem adaptadas a redes locais (LAN).
Atentividade
Capacidade de o sistema sentir a presença e a localização de objetos, aparelhos e pessoas, a fim de compreender o contexto de uso. Todos os tipos de captores são necessários: câmeras, micros, radares, captores biométricos, assim como a tecnologia de chips e leitores RFID para identificação.

Autômatos celulares

São redes de autômatos simples, conectados localmente, que produzem uma saída a partir de uma entrada, modificando estados de um processo, segundo uma função de transição. São instrumentos úteis para modelizar qualquer sistema no universo. Margolus e Taffoli (1987) mostraram que os autômatos celulares são uma boa alternativa para o uso de equações diferenciais, utilizados para modelizar sistemas físicos. Em informática, eles são utilizados para a modelização de sistemas de programação em paralelo e em autômatos auto-reprodutíveis. Podem-se considerar os neurônios formais como autômatos celulares especializados.

Banda de base

É uma banda de freqüência, ocupada por um sinal ou por um conjunto de sinais multiplexados, em pontos específicos de entrada e saída de um sistema de transmissão.

Baud

Unidade onde se registra a velocidade de modulação de um canal de transmissão. A velocidade é expressa em bits, ligada à quantidade de informação transmitida e à banda passante por circuitos eletrônicos e suportes de transmissão. A velocidade da modulação e a da banda nem sempre são idênticas e se diferem em função do tipo de codificação utilizado no nível da camada física. Assim, uma velocidade da banda passante de 10Mbit/s pode corresponder a 20 Mbauds, em código bifase, 12 Mbauds, em 5B6B, e 2,5 Mbauds, em modulação 16 QAM .

BDM

Background Debug Mode. Nome de interface da tecnologia Motorola para microprocessadores. Esses tipos de interfaces são reagrupados com o nome de OCD (On-Chip Debugging), compreendendo igualmente o JTAG (Joint Test Action Group), o port IBM, o onCE (On-Chip Emulation) da Motorola (DSP), o MPSD, o TI, e N-Wire da Hewlett-Packard. Um consórcio denominado Global Embedded Processor Debug Interface Standard foi fundado pela Motorola, pela Siemens, pela Hitachi e pela HP Etas para construção de um padrão.

BGA

Caixa para encapsular circuitos integrados, cuja particularidade reside na forma de localização de saídas. Podem ser em plástico (PBGA) ou em cerâmica (CBGA).

BiCmos

Tecnologia que permite combinar sobre um circuito integrado transistores bipolares, utilizados por causa da sua velocidade e do pouco barulho.

Biometria

Conjunto de técnicas de identificação e auto-identificação baseado no reconhecimento de características humanas: impressão digital, geometria da mão, íris ou forma do uso do teclado, assinatura etc.

BIP

Photonic Band Gap – PBG. São materiais de estruturas metálicas com bandas de energia e de freqüência proibida ou autorizada. Essas bandas são ligadas à geometria de materiais utilizados, permitindo-se a criação de antenas, espelhos, filtros, guias de ondas de rádio e hiperfreqüências seletivas.

Bluetooth

Nome do código correspondente a uma tecnologia de transmissão de rádio freqüência (2,45 GHz), dedicada a objetos portáteis (telefones, *notebooks* etc). Essa tecnologia, oriunda de um projeto iniciado pela Ericsson, IBM, Intel, Nokia e Toshiba, oferece uma velocidade de 1 Mbit/s para uma distância de 10 metros com amplificação. É uma tecnologia robusta para transmissões seguras e trocas transparentes de dados entre diversos equipamentos.

Bops

Unidade destinada a realizar milhões de operações por segundo. Chamada também de Gops, permite calcular mais precisamente que os Mips (milhões de operações por segundo). Concerne à realização de operações de cálculo (multiplicação com acumulação), sendo que o Mips se refere unicamente à execução de instruções.

Bocal local

Sistema de telecomunicações sem fio em banda larga, adaptado ao fornecimento de serviços telefônicos e acesso a uma rede de internet a partir de um terminal fixo (ligações ADSL, hiperfreqüências LMDS, tecnologias celulares etc).

Bus IEEE1394

Ainda chamado de FireWire ou I-Link, o bus IEEE1394 é um conjunto de condutores elétricos para transmissão de dados de forma sincrônica e assincrônica. Simples na sua concepção de utilização (*plug and play*), fornece, na versão atual, velocidade de 400 Mbit/s. A versão B, adaptada a diversos suportes, permite passagem a 800 Mbit/s e 1,6 Gbit/s e 3,2 Gbit/s.

Byte de código Java

Código intermediário em formato SUN (formato de bitmaps para plataformas UNIX), no qual é traduzido um código de fonte de uma aplicação escrita em linguagem Java, após passagem em um compilador Java. Ele funciona em qualquer plataforma em que exista uma máquina virtual Java instalada.

Caixa 0612

Formato de caixote normalizado pela Association des Industries en Électronique – EIA, utilizado, principalmente, para componentes CMS, como os condensadores de cerâmica. Entre os tamanhos mais utilizados, estão o 0402 : 1 x 0,5 mm; o 0603: 1,6 mm x 0,8 mm; o 0805: 2 mm x 1,25 mm e o 1206: 3,2 mm x 1,6 mm.

Caixa-chip

Microcaixote destinado a encapsular circuitos integrados na face superior do *chip*.

Caloduc

Meio eficaz de evacuação de calor por dissipação. Permite a transferência térmica mais rápida do que pela simples condução através de metal.

CAM

Content Adressable Memory. Memória associativa de características inversas da RAM, ela localiza um endereço, por exemplo, a partir de um dado. A RAM funciona de forma seqüencial, e a CAM, em paralelo, logo, bastante mais rápida.

CAN

Controller Area Network. Conjunto de protocolos (ISO/OSI) de comunicação, desenvolvido pela Bosch para fazer comunicar vários calculadores. Existem normalizadas duas especificações: a 2.0A (identificador de 11 bits) e 2.OB (identificador de 29 bits). As especificações correspondentes podem ser encontradas nos documentos ISO 11898 (até 125 bits) e ISO 11519 (de 125 bit/s a 1Mbit/s).

CCGA

Ceramique Colomn Grid Array. Concorrente do BGA. São caixotes para conexão em colunas de cerâmica.

CDMA

Code Division Multiple Access. Método de acesso que repousa sobre o princípio da calibração ou ajuste de espectros. Permite que vários utilizadores dividam a mesma banda de freqüência. A distinção entre os diferentes utilizadores se efetua graças a um código único atribuído a cada receptor. O CDMA é construído com base no padrão americano de radiocomunicação celular de segunda geração 2G (IS-95 ou cdmaOne).

CELP

Code Excited Linear Prediction. Técnica de compressão de voz, através da qual a codificação e a decodificação se baseiam em um modelo de síntese; consiste em modelizar um sinal e transmiti-lo a partir de um dicionário de formas de ondas. Entre as diversas normas que utilizam essa técnica, podemos citar os codificadores GSM, UIT G.723.1 (5.3 e 6.3 kbit/s) e o G.728 (16 kbit/s). A codificação CELP é bem adaptada para velocidades entre 4,8 e 16 kbit/s.

CEM3

Substrato constituído de fibra de vidro, muito utilizado no Japão, em função do seu baixo custo. É bem mais econômico que o FR4 (matéria-prima utilizada para isolamento de placas).

Certificado

Documento produzido por autoridade de certificação (*authority certification*) para autenticar uma chave pública (assinada e associada a informações concernentes ao proprietário), cujo formato é um padrão ISO (X.509).

CisBio

Filial da CEA-Industries (rede industrial e comercial que desenvolve pesquisas de soluções tecnológicas nos domínios de eletricidade, telecomunicações, informática e automobilismo), especializada na fabricação de chips DNA.

Classe

Conceito-chave do aporte orientado ao objeto, em que são definidos os valores dos atributos. Num ambiente Java, não é possível criar um código que, no interior das classes, seja diferente das bibliotecas ou dos módulos da linguagem C++.

Clean room

Expressão tradicional utilizada para definir implantações de máquinas virtuais compatíveis Java, que certas empresas produziram a partir de especificações disponíveis no domínio público, sem licenças concedidas pelo SUN.

CMP

Circuit Multiproject – MPW ou *multiproject wafer*. Serviço criado para Laboratórios Universitários, permitindo a integração de semicondutores de circuitos utilizados e/ou produzidos por diferentes equipes para diminuir os custos de produção.

Co-concepção ou codesign

Concepção conjunta de softwares, reagrupando um conjunto de operações que permitem a especificação, o partilhamento e a implementação de material em circuito integrado.

Código fonte

Lista de instruções originais escritas em linguagem informática, como C++, VHDL, Verilog ou outra, definida pelo programador para criar seu programa.

Coração de processador

Elemento central de um processador ou de outro circuito eletrônico complexo, que se apresenta com a forma de um conjunto de especificações que permitem sua integração a um circuito integrado ou dedicado. Possui a forma de arquivo informático em linguagem de descrição de alto nível. Ele é, em tese, completamente independente da tecnologia onde será utilizado.

Coração sintetizável

A concepção do processador é transmitida em linguagem tipicamente VHDL ou Verilog. Independentemente da tecnologia, ele pode ser inserido em concepções já existentes.

COF

Chip utilizado nas telas LCD e em outros domínios de aplicação.

COFDM

Coded Orthogonal Frequency Division Multiplex. Multiplexador com repartição em freqüência ortogonal codificada.

COG

Chip On Glass utilizado em telas LCD, com circuitos de comando de tela em forma de *chips* nus, diretamente sobre o vidro, com uma resina de proteção depositada sobre cada *chip*.

COG

Projeto desenvolvido pelo M.I.T. para construção de robôs andróides por Brooks e sua equipe.

Cogeneração

Sistema de produção de energia que gera simultaneamente calor e eletricidade.

Compilador

Ferramenta de desenvolvimento encarregada de traduzir um programa de código fonte em código binário, diretamente executável por um processador.

Compilação dinâmica adaptativa

Técnica que consiste em analisar e retira um bit-code Java de uma aplicação em curso e compilar em código diretamente compreensível pelo processador. Unicamente com as partes bit-code mais consumidores em tempos de execução continuarão a ser interpretados pela máquina virtual Java.

Concepção *bottom-up*

Metodologia de concepção também chamada de seqüencial ou ascendente, que define os procedimentos a partir dos níveis mais baixos. A concepção vai se tornando mais complexa pouco a pouco, a cada vez que os procedimentos são definidos nos níveis precedentes.

Concepção descendente

Conhecida como concepção global ou descendente, consiste em dividir o sistema em blocos e modelizá-los progressivamente, partindo do nível mais alto de abstração, e interconectar e simular o conjunto até conseguir chegar ao seu nível mais fundamental.

Conector duplo

Conector monobloco equivalente a dois conectores SC lado a lado, utilizado para ligações óticas em dois sentidos.

Conector SC

Conector ótico que, nos últimos anos, foi desenvolvido para aplicações de redes locais e de telecomunicações.

Co-processador

Processador especializado com estrutura interna otimizada para ser associado a microprocessador clássico, com o fim de executar um tipo determinado de instruções, normalmente com uma velocidade de tratamento maior que o microprocessador principal. Tem a vantagem de liberar disponibilidade do processador principal para realização de outras tarefas.

Corba

Common Object Request Broker Architecture. Definido por OMG (Object Management Group), o Corba visa simplificar a integração de produtos vindos de diferentes fornecedores. Em particular, ele permite que diferentes ORBs (Object Request Broker) interoperem. Os ORBs são, na prática, *softwares* intermediários (*middleware*) que criam uma relação cliente/servidor entre aplicativos distribuídos, independentemente de seu lugar físico, no âmbito de uma rede, da linguagem de programação utilizada e da plataforma hospedeira. O consórcio OMG adotou, em 1999, a especificação real-time Corba 1.0.

Comunicações por correntes

Denominação utilizada para qualificar transmissões de dados em cabos elétricos. A partir de 2002, a norma européia utilizada para esse tipo de aplicação passou a ser a CENELEC EN 50065-1. Ela autoriza somente o uso de transmissões em bandas de freqüência, situadas entre 9 kHz e 148,5 kHz. As freqüências situadas entre 9 e 95 kHz são reservadas aos proprietários de redes de distribuição de energia. Está em andamento uma norma européia para as freqüências entre 1,6 e 30 MHz.

Curvas elípticas

Sistema de criptagem baseado nas dificuldades matemáticas (problemas de logaritmos discretos), diferente da fatorização por números primos. Capaz de oferecer diversas possibilidades para as funções de criptografias clássicas (assinatura por autenticação, integridade de dados, criptagem para segurança de dados etc.), tem a vantagem de reclamar menos memória (quatro vezes menos que RSA) e, sobretudo, menos fontes de cálculo (sem necessidade de criptoprocessador).

CPLD

Complex Programmable Logic Device. Rede lógica programável complexa. Circuito integrando uma matriz de células que podem ser configuradas pelo utilizador em função de suas necessidades.

CTI

Computer Telephony Integration. Termo genérico para aplicações que associam telefonia e informática no seio de uma empresa, como o aparecimento automático de informações no PC do cliente, no momento da chamada telefônica.

DAB

Digital Audio Broadcasting. Formato de radiodifusão digital, baseado em um código fonte MPEH-1 (Layer II Musicam) e no código canal COFDM (Coded Orthorgonal Frequency Division Multiplex). O DAB utiliza a tecnologia de difusão Digicast COFDM, que assegura maior robustez do sinal, protegendo-o contra vírus.

DAVIC

Digital Audio Video Interoperability Council. Padrão europeu por modem-cabo, criado pela Alcatel, Cocom, DiviCom, Hughes Network Systems, Nokia, Sagem, Simac, Thomson Broadcast Systems e Thomson Multimídia. O fórum DVB/DAVIC foi criado para favorecer o uso na Europa para especificação DVB-RCCL. Desenvolvida pela DVB, foi normalizada pelo l'Etsi (ETS 300-800) e integrada na versão 1.5 da especificação DAVIC.

Diagrama do olho

Assim chamado em função de sua forma, o diagrama do olho foi obtido pela superposição de símbolos sucessivos por pares sobre um osciloscópio. Esse diagrama permite verificar experimentalmente o efeito da imitação de uma onda passante. Permite também medir a qualidade do sinal recebido.

Diversidade espacial

Envio do mesmo sinal por canais diferentes, através de duas antenas, com uma decalagem temporal para melhorar a qualidade das recepções nas comunicações sem fio, perturbadas por ecos. Permite o tratamento digital do sinal de origem, levando a melhorar a transmissão.

***Design* de interação**

Concerne à definição da otimização de modalidades de diálogo entre um utilizador humano e uma máquina, no contexto de utilização. Contém dois pólos importantes: a acessibilidade (preocupação em facilitar o desenvolvimento de tarefas, o que implica critérios ergonômicos) e a desestabilização (inversamente, procura despertar no utilizador um desejo de compreensão que leve à exploração).

DMT

Discrete Multi-Tone. Técnica de modulação com base nas normas ADSL européia e americana, que consiste em repartir a densidade do espectro do sinal por meio de um grande número de portas diferentes (mais de 200), cada uma das quais individualmente modulada a baixa velocidade, com modulação QAM.

DOCSIS

Data-Over-Cable Service Interface Specification. Norma americana criada pela MCNS (Multimedia Cable Network System) para modens a cabo. Ela precisa de modulações (16, 64 e 256 QAM, e QPSK), velocidade ascendente (de 320 ksbit/s a 10 Mbit/s) e descendente (de 27 36 Mbit/s). A versão européia DOCSIS prevê uma largura de banda de 8Mhz.

Dados isocrônicos

Dados que são emitidos por fontes periódicas, como som ou imagens animadas.

DPA

Differential Power Analysis. Tipo de ataques a *chips*, construído por Paul Kocher, para descobrir segredos de conteúdos da carta. Esse ataque utiliza técnicas de correção de erros e análises estatísticas por variações de tensão, observados diretamente num *chip* em atividade.

DTS

Digital Theater Systems. Sistema de reprodução sonora e numérica de canais múltiplos provenientes da indústria cinematográfica e explorado hoje pelos DVDs. Considerado de melhor qualidade que Dolby Digital, explora um método de codificação adaptativo (ADPCM), podendo funcionar sem perdas com velocidade fixa ou variada.

Duplexador

Função que assegura, num frontal RF, a transmissão de sinais em escalas de amplificação para a antena, sem perturbar a transmissão de sinais da antena em direção à recepção.

DVB-S2

Sucessor do padrão DVB-S, dedicado à difusão de ITV por satélite DVB-S. Melhorou em cerca de 35% a velocidade dos canais satélites de teledifusão. Suas características permitiram duplicar e, às vezes, triplicar a capacidade de um canal com aplicações de acesso à internet B.

DVB-T

Digital Video Broadcasting-terrestrial. Norma relativa à difusão pela via hertziana (ou terrestre) de sinais de televisão digital, que repousam sobre a técnica de modulação OFDM.

DWDM

Dense Wavelength Division Multiplex. Técnica que consiste em injetar, num canal com diferentes larguras de onda, uma só fibra. O espaçamento intercanal varia geralmente de 200 a 50 GHz (entre 1,6 e 0,4 nm a 1,55 µm). Fala-se de multiplexagem densa de largura de onda se são injetadas mais de uma dezena de canais em uma banda de 1 530 - 1 560 nm.

Encarnação

Em inteligência artificial, para que um sistema seja considerado inteligente, é preciso que ele seja encarnado, isto é, dotado de um corpo sensível às modificações do ambiente no qual ele se encontra. Suas ações exercem efeitos imediatos que permitem ao sistema aprender a "servir-se" de seu corpo.

ESP

Embedded Standard Product. Na tecnologia QuickLogic, um ESP é um circuito que combina a facilidade de utilização e a funcionalidade dos circuitos *standard* FPGA. Com vantagens suplementares em nível de integração, performance e consumo.

Etalonamento de espectro

Dois métodos de etalonamento de espectros são normalmente usados: o etalonamento de espectro por seqüência direta, que consiste em, antes da modelação, "multiplicar" cada bit a ser transmitido através de um código pseudo-aleatório de velocidade superior ao do sinal; e o etalonamento de espectro por salto de freqüência, em que o sinal é modulado com variação de intervalos regulares, segundo uma seqüência pseudoaleatória.

Ethernet

Rede local inicialmente produzida por Xerox, Digital e Intel para funcionar a uma velocidade de 10 Mbit/s, em um cabo coaxial com topologia e método de acesso com o protocolo CSMA/CD. Atualmente, existem redes *ethernet* em outros tipos de suporte como cabo de pares torcidos, fibra ótica e topologias em estrela. Sob o impulso do comitê IEEE802.3, a *ethernet* evoluiu a 100 Mbit/s (*fast ethernet*), a 1 Gbit/s (gigabit ethernet), e depois, a 10 Gbit/s (10 gigabits ethernet).

Etsi

European Telecommunications Standards Institute. Organismo que implantou o Sophia-Antipolis (http://www.sophia-antipolis.net), encarregado das normas européias de telecomunicações.

Fabless

Fornecedor de supercondutores que terceiriza sua produção a intervenientes.

Finread

Conjunto de especificações que definem as características de um leitor de cartão com *chip* de segurança (classe 4) e arquitetura de sistema (PKI). Essas especificações possuem um aspecto físico próprio (processador e teclado seguros) e *softwares* (API), de forma a assegurar sua interoperabilidade de aplicações (*Finlets*) desenvolvidos por leitores.

FPGA

Field Programmable Gate Array. É um circuito integrando uma rede de portas lógicas e que pode ser programado pelo utilizador em sua aplicação.

FPSC

Field Programmable System Circuit. Nome dado por Lattice aos seus circuitos-sistemas para *chips* programáveis. Esses circuitos, que integram uma parte lógica programável, têm funções fixas mais ou menos complexas chamadas ESP (Embedded Standard Product), na QuickLogic, e FPSLIC (Field Programmable System Level Integrated Circuit), na Atmel.

FPSLIC

Field Programmable System Level Integrated Circuit. Nome dado por Atmel aos seus sistemas de *chips* programáveis. Esses circuitos reúnem, sob um *chip* complexo, um coração de processador padrão, com memórias e periféricos, e uma rede lógica programável, permitindo ao utilizador configurar, segundo suas necessidades de aplicação.

FR4

Sustrato de Epox e fibra de vidro que entram na composição de circuitos integrados de face dupla e multicamadas.

FSB

Front Side Bus. Também chamado de ônibus, sistema que religa um microprocessador à memória Dram e ao circuito passarela PCI. Funciona a 66, 100, 133, 200, 266 ou 400 MHz, segundo o modelo do processador e a arquitetura da carta-mãe.

FTP

File Transfer Protocol. Protocolo padrão utilizado para transferir arquivos em redes TCP/IP.

Gigabit ethernet

Nome dado a toda rede *ethernet* a 1 Gbit/s sobre fibra ótica ou cobre.

GPRS

General Packet Radio Service. Integrado às especificações GSM Phase 2+ de l'Etsi, o GPRS foi desenvolvido a fim de que os operadores de redes celulares pudessem oferecer serviços de transmissão de dados em forma de pacotes a uma velocidade instantânea, podendo chegar a 170 Kbit/s. Permite dividir melhor as fontes de rádio entre diversos utilizadores, realizando simultaneamente o acesso esporádico.

GPS

Global Positionning System. Sistema de navegação baseado em um conjunto de 24 satélites militares autorizados a civis. Por reagrupamento de sinais RF emitidos por, pelo menos, quatro desses satélites, um receptor GPS terrestre calcula a latitude, longitude e altitude com precisão de alguns metros (aplicações militares) a 100 metros (aplicações civis como navegação em automóvel).

HAL

Hot-Air-Leveling (também chamada Air-Solder-Leveling). Procedimento de revestimento de um circuito após a última camada de condutores de cobre para protegê-los de degradação no momento da aglutinação de componentes.

HAVi

Home Audio Video interoperability. Nome da organização criada por Grundig, Hitachi,

Matsushita/Panasonic, Philips, Sharp, Sony, Thomson multimídia e Toshiba para desenvolver especificações e facilitar a comunicação entre equipamentos de grande público audiovisuais e multimídia. A especificação HAVi 1.0 define um conjunto de módulos API e *middleware*, que automatizam a troca de mensagem entre equipamentos e a disponibilização de fontes através da série IEEE1394. Toda aplicação rodando com um produto HAVi é capaz de detectar e utilizar funções disponíveis em outro material conectado à rede, não importando sua marca.

HBT

Transistor Bipolar para Heterojunções. Estrutura particular utilizada em radiofreqüência, principalmente para amplificadores de grande potência. Fabricado com tecnologia *silicium-germanium*, possui as variações GaAlAs e GaInP e são concorrentes das soluções Mesfet, Hemt, pHemt e mHemt.

Hemt, pHemt, mHemt

High electron mobility transistor. Os Hemts possuem uma estrutura do tipo transistor, com efeito de campo como o Mesfet. A diferença entre Hemt e pHemt (Hemt pseudomorphique) está na natureza da zona ativa GaAlAs, no Hemt, GaInAs e no pHemt.

HomePNA

Home Phoneline Networking Alliance. A especificação HomePNA permite criar uma rede local doméstica, ligando o PC a outros equipamentos eletrônicos de grande público, pelo cabo telefônico, sem perturbar as comunicações vocais ou modem/fax tradicionais, a uma velocidade entre 1 Mbit/s e 10 Mbit/s.

HomeRF

Especificação construída pelo consórcio Compaq, Ericsson, HP, IBM, Intel, Microsoft, Motorola, Philips, Proxim e Symbionics/Cadence, conhecida por simplificar a comunicação entre PC, periféricos, telefone sem fio e produtos eletrônicos de grande público numa mesma habitação. Explorando uma banda 2,4 GHz-2,4835 GHz, a HomeRF repousa sobre uma modulação de etalonamento de espectro por saltos de freqüência, com uma velocidade máxima entre 2 Mbit/s e 10 Mbit/s. O protocolo combina a tecnologia de contenção CSMA/CA de l'IEEE 802.11 (para as transmissões de dados não críticos) e a tecnologia TDMA du DECT (para comunicações vocais em tempo real).

HyperTransport

É uma tecnologia de ligação ponto a ponto, destinada a interconectar circuitos integrados numa carta-mãe. Cada *bus HyperTransport* compreende duas ligações ponto a ponto unidirecionais, com via de dados, sinais, relógio e comando. Cada via de dados pode ter uma largura de 2 a 32 bits, com larguras padrões de 2, 4, 8, 16 e 32 bits. Os dados são transmitidos em forma de pacotes, com uma freqüência variada de 200 a 800 MHz.

IEEE 802.11

Conjunto de normas de comunicação RF por redes locais sem fio a alta velocidade. A versão mais utilizada é a IEEE 802.11b, com velocidade para 11 Mbit/s para produtos, utilizando a banda 2,4-2,5 GHz. Existem também as versões IEEE 802.11a (ligada a uma banda de 5 GHz) e 802.11g (22 Mbit/s a 2,4 GHz).

IEGT

Injection Enhancement Gate Transistors. Desenvolvido pela Toshiba, esse comutador, com semicondutor de forte potência mista entre IGBT e GTO, é destinado a aplicações de forte potência, com tensão de vários kVs e com corrente de várias centenas de ampères.

Imagem virtual

Imagem ampliada, observada através de uma lente convergente e que, em geral, é vista como estando há vários metros, mas não se situa materialmente a alguns milímetros (capacete de realidade virtual) ou centímetros (GSM geração 4). Contrariamente a uma imagem real, ela não pode ser materializada numa tela.

InfiniBand

Elaborada pelo comitê InfiniBand Trade Association, a especificação InfiniBand traz uma modificação radical na arquitetura tradicional de entradas/saídas dos servidores. Esse padrão não se apóia em conceitos como PCI ou PCI-X, mas numa matriz de comutação religando, ponto a ponto, a alta velocidade, subsistemas E/S (SCSI, Fibre Channel, Ethernet etc.), memória principal e processadores. Seu conceito é igualmente aplicável às ligações externas entre servidores, sistemas de estocagem de dados e equipamentos de rede.

Interação natural

Acesso aos serviços de informática com interface de interação homem/máquina, de forma intuitiva e natural, diferente da interface tradicional do universo Wimp: *windows, icon, mouse, pulldown menu*. A interface homem/máquina é baseada no reconhecimento de voz, de gestos e de manipulação de objetos tangíveis.

Interfaces fluidas

As interfaces fluidas são tipos de interfaces de troca de informações no contexto das redes de inteligência coletiva – grupos de pessoas engajadas em um projeto comum ou surgido de conhecimentos partilhados e acumulados por redes de comunicação. As interfaces fluidas são classes particulares de interfaces coletivas

Isotropo

Diz respeito a um meio ou um fenômeno que apresenta as mesmas características em todas as direções do espaço.

Irreversibilidade

Propriedade de uma função em que a lei de composição interna admite um inverso.

Interface comum DVB

Essa interface genérica permite, num setor *box* de TV digital, utilizar-se um módulo de acesso condicional com desverulhagem autônoma e destacada do formato mecânico PC Card.

IPSec

Padrão IETF (Internet Engineering Task Force) que se apóia em algoritmos de criptagem de dados DES (Data Encryption Standard) e SHA (Secure Hash Algorithm).

IPv6

Internet Protocol version 6. É uma versão de protocolo para comunicação via internet, destinada a atender à explosão de celulares, telefones IP etc. Esse protocolo gera um padrão de qualidade para serviços (QoS), levando em conta aspectos de segurança e mobilidade.

ISO/IEC JTC1

Comitê técnico comum da ISO (International Organization for Standardization) e da l'IEC (International Electrotechnical Commission), organizado com a finalidade de criar padrões no domínio das tecnologias da informação e comunicação. Trabalha estreitamente com a União Internacional de Telecomunicações – UIT por meio de vários grupos de trabalho.

ITO

*I*ndium Tin Oxide. Cerâmica condutora e transparente, utilizada na fabricação de elétrodos transparentes para telas LCD e plasma.

JavaCard

Versão de Java, desenvolvida especificamente para cartões com *chip*, sob a impulsão do fórum JavaCard com a SUN.

JavaScript

Linguagem *script* conhecida como Netscape, para animar páginas internet HTML.

Jini

Conjunto de protocolos batizado de Discovery and Join et Look Up, desenvolvido pela SUN para facilitar a gestão de fontes associadas aos equipamentos conectados à mesma rede. Esses protocolos são baseados num diálogo entre diversas máquinas virtuais.

JPEG 2000

Norma internacional ISO/IEC (ISO/IEC 15444-1), especificação para codificação de imagens fixas e sucessora do padrão JPEG. Performance melhorada para taxas de compressão, possibilidade de recepção progressiva, qualidade de resolução e transmissão.

Latch-up

Fenômeno indesejável produzido em um semicondutor discreto por correntes parasitas que "fecham" o estado de passagem. Esse fechamento pode resultar numa explosão do circuito de raios ionizados.

LCD-CSTN

Color Super Twisted Nematic Liquid Crystal Displays. Telas LCD-CSTN ou LCD coloridas com matriz passiva, com estrutura matricial de pixels situadas na intersecção de uma rede de elétrodos em linha e uma rede de elétrodos em colunas. Utilizam uma estrutura de moléculas em cristal líquido, com hélices e ângulos entre 180° e 240° (Super Twisted Nematic), que melhoram a performance com relação a telas LCD-TN, em que as hélices e os ângulos são respectivamente de 90° e 110°. A cor é obtida por filtros coloridos. Mas continuam menos permanentes que as LCD-TFT, em termos de contraste, ângulos de vista, definição, tempo de resposta e temperatura. A diagonal raramente depassa 12 polegadas.

LCD-TFT

Thin Film Transistor Liquid Crystal Displays. Chamadas também de LCD de matriz ativa, as telas LCD-TFT foram concebidas para diminuir as falhas das LCD-CSTN . Cada pixels da matriz compreende um transistor em camada fina (*Thin Film Transistor*). A cor é obtida pelo emprego de filtros coloridos. Essas telas fazem grande sucesso em informática, em computadores portáteis e monitores como também em TV de grandes formatos.

LDmos

Tecnologia de transistor silicium Mos, empregada para amplificadores de potência de 400 MHz a 3GHz, concorrente das tecnologias bipolares de *gallium*. Com relação ao *silicium* bipolar, o LDmos oferece uma melhor linearidade e capacidade de dissipação do calor do chip, além de ser menos custoso.

Licença GPL

A licença GPL constitui um modo de distribuição do Linux, que disponibiliza o código-fonte, dando direito à realização de modificações em condição expressa de redistribuição gratuita do código modificado.

Lidar

Light Detection and Ranging. Emprega o mesmo princípio que o radar, utilizando o raio laser no lugar das ondas de rádio. O tempo de distância utilizado no percurso de ida e volta pela luz permite medir a distância. Se o objeto se movimenta, a modificação da medida da onda refletida permite a informação de sua velocidade (efeito Doppler).

LIN

Local Interconnect Network. Tecnologia de baixa velocidade (20 Kbit/s) destinada à aplicação de conforto: gestão de climatização, regulagem de cadeiras, controle de portas etc.

Lithium-ion

Tecnologia de acumulação de energia, associada a um elétrodo à base de carbono, condutor iônico de um segundo eletrodo à base do composto LiCoO<-z7>2<-z9.

Litografia

Etapa da fabricação de um semicondutor, quando é efetuada uma transferência de imagens numa placa de silício, graças a um *photo resist* depositado na superfície. Hoje a litografia ótica realiza, em geral, uma transferência por fotorrepetição: um feixe de luz varre uma placa de vidro cromado, na qual são inscritos os caracteres do circuito integrado, as imagens dessas inscrições são projetadas em tamanho reduzido sobre a placa de silício de forma repetitiva, *chip* a *chip*. Esse método, realizado com fontes óticas, já atingiu seu limite e está sendo substituído por fontes óticas UV, com projeção por feixes de íons ou elétrodos e ainda com raios X.

LMDS

Local Multipoint Distribution System. Termo genérico para qualificar redes de acesso a serviços de telecomunicações banda larga, que fazem transmissões bidirecionais nas bandas de hiperfreqüência (entre 3 e 40 GHz).

LNA

Amplificador de pouco barulho, utilizado para amplificar o sinal recebido pela antena.

Logique de glu

Termo utilizado para agrupar as funções lógicas elementares indispensáveis ao bom funcionamento de um sistema.

LPMO

Laboratoire de Physique et Métrologie des Oscillateurs de Besançon. Associado à l'Université de Franche-Comté et CNRS, é especializado notadamente no estudo de componentes de tempo de freqüência de materiais piezo-elétricos.

LTCC

Substrato de interconexão construído a partir de folhas moles de cerâmica, sobre as quais são serigrafadas pistas e depois cozidas a uma temperatura de 500°C ou 1 000°C, dependendo do tipo de aplicação.

LVDS

Low Voltage Differential Signal. O protocolo LVDS é utilizado para transmissão de dados a alta velocidade, em sistemas de rede e interfaces de monitores.

MAC

Medium Access Control. Camada para ligação de dados do modelo OSI (Open System Interconnection), definido pela ISO para tratar protocolos de comunicação em redes locais.

Máquina virtual Java

JVM – Java Virtual Machine. *Software* encarregado de traduzir e executar a linguagem (bytecode) Java.

Macrocélula

Representação de uma função eletrônica digital ou analógica em que a tipologia (desenho físico) e as características elétricas são especificadas por uma dada tecnologia de fabricação.

MCM

Modules Multipuces. Substratos orgânicos em cerâmica ou silício, adaptados e dotados de estruturas de interconexão compatíveis para conexão de chips.

MD5

Algoritmo de processadores 32 bits, codificado em 128 bits e utilizado para verificação de assinaturas digitais.

Medea

Micro-electronics Development for European Applications. Principal programa de inovação pan-europeu (R&D) destinado a assegurar a competitividade da Europa neste século.

Mediaguard

Método de acesso condicional, conforme especificações do fórum DVB, para terminais de TV digital do canal + tecnologias com fluxo MPEG-2. Sua utilização é baseada numa chave privada, estocada sob um chip com dados do utilizador.

MEMS

Micro Electromechanical System. Sistema de chip eletrônico utilizado na fabricação de sistemas integrados.

MHP

Multimedia Home Platform. Especificação elaborada pelo consórcio DVB para desenvolvimento de plataformas interoperantes de TV digital a partir de padrões já existentes no mercado (OpenTV, MediaHighway, D-Box, MHEG etc.). Repousa sobre uma plataforma JavaTV, da Sun, em que são especificadas difusões "melhoradas" e "difusões interativas".

Micropackaging

Conjunto de soluções para interconexão de chips (mono ou multi).

MIDP

Mobile Information Device Profile. Define um ambiente de execução J2ME (Java2 Platform, Micro Edition) de *Java Community Process* para radiotelefone, com boa capacidade de memória e baixa capacidade de resolução gráfica.

MIMO

Multiple Input Multiple Output. Procedimento de transmissão que consiste em utilizar um sistema multiantena para melhorar e diversificar emissão e recepção.

Mips Dhrystone

Medida baseada numa bateria de testes, que permite comparar o desempenho de diferentes microprocessadores em condições idênticas.

MMAC

Instruções de multiplicação-acumulação por segundo. Essa entidade é utilizada para caracterizar a potência de cálculo de processadores de sinal digital.

MMIC

Circuito integrado de microondas monolítico, reune componentes ativos e passivos, trabalhando com freqüências superiores ou iguais a gigahertz.

MMS

Multimedia Messaging Service. Serviço de envio e recepção de mensagens multimídia em redes de 2,5G e 3G, o qual não possui os limites de SMS, em que as mensagens textuais navegam o sinal do GSM. As mensagens MMS transitam a rede de tráfego GPRS em redes de 3G e podem conter imagens, videoclipes, desenhos, gráficos, textos, arquivos, áudio etc.

Modelo de Kohonen

Modelo de mapa topológico auto-adaptativo, proposto por Kohonen a partir de observações feitas no cérebro humano, no bulbo olfativo e auditivo. São duas zonas cerebais no córtex visual, próximas da retina, por exemplo, que possuem a mesma topologia dos captadores sensoriais e que não são genéticas, mas criadas no processo de aprendizagem. O princípio básico do modelo consiste em afirmar que somente as entradas modificam o processo.

MPEG-1 Audio Layer III (MP3)

Técnica de codificação de áudio desenvolvida por Fraunhofer Institut e Thomson para taxas de compressão de 1: 10 ou 1: 12 a, para velocidade de 128 Kbit/s ou 112 Kbit/s em saída de sinal estéreo MPEG-1 (*layers*); 1: 4 para velocidade de 384 Kbit/s. A camada 2 (Musicam) corresponde a taxas de compressão de 1: 6 a 1: 8 para velocidade de 256 e 192 Kbit/s.

MPEG-2 MP@ML

MPEG-2, formato de vídeo do padrão de difusão de TV digital DVB.

MPEG-4 (ISO/IEC 14496)

O MPEG4 é um padrão ISO/IEC desenvolvido por MPEG (Moving Picture Experts Group). É notadamente graças a esse padrão que a TV digital é hoje possível. Sucessor das normas MPEG1 para compressão e transferência de áudio/vídeo e MPEG2 para TV digital. Norma genérica para aplicações multimídia capaz de responder às necessidades da indústria de informática, telecomunicações e audiovisual do grande público.

Multicast

Método eficaz para duplicar e distribuir o envio de uma mesma informação para vários utilizadores conectados a uma rede de comunicação.

Norma ISO 14001

Norma internacional ISO que estabelece referenciais para definição de princípios de um sistema de gestão ambiental.

Northbridge

Circuito de carta-mãe para conectar o microprocessador à memória e à aceleração gráfica. Ele é diretamente ligado ao circuito Southbridge, que realiza interface com periféricos.

NQC

Linguagem desenvolvida por Dave Baum para *mindstorm* próximo do C (NQC significa *not quite C*); foi a primeira linguagem não fornecida para utilização Mindstorm. (Disponível em: <http://www.freelug.org>.).

OCF

Open Card Framework. Iniciativa lançada pela IBM e pela Sun para definir uma arquitetura de software (API) capaz de assegurar a interoperabilidade nas leituras de cartão eletrônico. Essa iniciativa liga diversas indústrias de fabricação de cartões como Gemplus, Bull, Schlumberger, SCM Microsystems e emissor de cartões, como o Visa_International.

OFDM

Orthogonal Frequency Domain Multiplex. Adaptador de radiodifusão sonora digital (DAB), também utilizado para difusão de TV digital terrestre (DVB-T) e redes de internet a rádio.

OHCI

Open Host Controller Interface. Define a interface do processador principal e a camada de ligação de dados no padrão IEEE1394.

Open source

Modo de difusão de um *software* que permite à sociedade ter acesso ao código-fonte e utilizá-lo sem pagamento de *royalties*.

Osek/VDX

Conjunto de especificações européias elaboradas pelo Consórcio Osek para sistemas abertos eletrônicos de veículos e que é também utilizado por construtores japoneses e americanos.

OSGi

Open Services Gateway initiative. Passarelas de aplicações para redes de telecomunicações, redes residenciais, redes automobilísticas etc., que favorecem a utilização de serviços Java na conexão de equipamentos. É independente das tecnologias locais utilizadas (Bluetooth, HAVi, HomePNA, HomeRF, Wi-Fi, USB, Convergence, LonWorks, emNet, Jini, Universal Plug and Play etc.).

OSI

Open Systems Interconnection. Modelo de referência em camadas que fornece um quadro conceitual e normativo em trocas de sistemas heterogêneos. Definido pela ISO (International Standards Organization), comporta sete camadas: física, ligação de dados, rede, transporte, sessão, apresentação e aplicação.

OSP

Organic Solderable Preservatives. Trata-se de uma das conclusões possíveis para os circuitos impressos. Este revestimento orgânico prepara o cobre das zonas que receberão a soldadura.

OTDM

Optical Time Division Multiplexing. Técnica de multiplexagem pela qual o emissor a D bit/s é constituído por N fontes óticas em paralelo, modulada à velocidade de D/N bit/s.

PABX

Private Automatic Branch Exchange. Expressão utilizada para arquiteturas proprietárias de autocomutação, utilizada à base de arquiteturas materiais e de *software* PC, qualificada às vezes de PCBX.

Peer to peer

Modo de conexão ponto a ponto entre PCs por meio da qual cada PC serve ao mesmo tempo de servidor e de cliente. Permite dividir uma parte das informações estocada no HD e trocar arquivos sem intermediários.

PERL

Pratical Extraction and Report Language. Linguagem de programação criada em 1986, caracterizada pela sua simplicidade de utilização.

PGA

Pin Grid Array. Caixa para encapsular circuitos integrados.

PICMG

PCI Industrial Computer Manufacturers Group. Criada em 1994, essa instituição tem como objetivo desenvolver aplicações CompactPCI para os domínios industriais e de telecomunicações (Disponível em: <http://www.picmg.org>.).

Piloto de linha

Circuito de ampliação de sinais de transmissão ADSL.

PKI

Public Key Infrastructure. Define sistemas de informações a partir de criptografia e chaves públicas (RSA, curvas elípticas etc.). As infra-estruturas de chave pública podem ser utilizadas para intranet de empresas (controle de acesso), extranet (emissão de solicitações e faturas entre empresas parceiras) ou internet (comércio eletrônico, segurança de transações e trocas de documentos).

Plug & play

Periféricos ou equipamentos que se conectam a um sistema, com capacidade de troca de informações, sem necessidade de configuração de *drivers* para funcionar.

Posix

Norma UNIX (Posix 1003.1) que define um conjunto de APIs escritos em C.

Pré-Peg

Material que permite separar as camadas internas dos circuitos impressos.

Protocolo de resposta

Protocolo de autenticação entre um computador cliente e um servidor.

Protocolo internet

Internet Protocol. Protocolo de comunicações do modelo OSI. Associado à TCP (Transmission Control Protocol), o IP gera uma rota de dados através dos nós de uma rede. Cada máquina conectada a uma rede IP é identificada por seu endereço IP, na forma de um número. O IETF (Internet Engineering Task Force) é o organismo encarregado de elaborar especificações técnicas para redes TCP/IP.

PSK

Phase Shift Keying. Técnica de modulação de radiofreqüência, utilizada em transmissão de TV satélite, que consiste em codificar a informação fazendo variar fases. Diferentes variações permitem codificar, por exemplo, 2, 4, ou 8 bits pelo símbolo (BPSK, QPSK, 8PSK).

PS/SC

Iniciativa da Microsoft para normalizar interfaces entre PCs e leitoras de cartões a chips. Religa muitas indústrias de cartões como Gemplus, Bull, Schlumberger, etc. O Windows 2000 integra diversos componentes PC/SC e serviços de criptografia associados a cartões com chips.

PSRam

Ram pseudoestática é uma memória dinâmica associada a uma rede de células Dram pela alta densidade a baixo custo por bit. Essa memória dinâmica associa uma rede e uma interface sincrônica do tipo Sram para aumentar a velocidade e a simplificação de concepção de sistemas.

Push-Pull

Montagem de amplificador que utiliza dois transistores polarizados simetricamente: um amplifica as alternâncias positivas do sinal, e outro, as alternâncias negativas.

PWM

Pulse Wave Modulation. Técnica de comando de potência de saída utilizada, principalmente, em alimentação de conversores de potência de motores elétricos.

QAM

Quadrature Amplitude Modulation. Tipo de modulação digital que combina modulação de amplitude e modulação em fases multissímbolo: 16, com a modulação 16QAM (4 bits/símbolo); 64, com a modulação 64QAM (6 bits/símbolo); 256, com a modulação 256QAM (8 bits/símbolo) etc.

QCIF

Quarter Common Intermediate Format. O formato QCIF, adequado para videoconferência, fornece uma resolução de 176 linhas de 144 pixels (144 x 176, comparando-se com 600 x 400 da televisão normal).

QPSK

Quadrature Phase Shift Keying. Outra denominação para a modulação QAM a quatro estados.

QoS

Qualidade de serviço que quantifica a capacidade de uma rede de comunicações para responder aos critérios de desempenho exigidos por certas aplicações, como as comunicações vocais, as videoconferências, a troca de dados críticos e a transferência de fluxos multimídia em tempo real.

RCC

Resin Coated Foils. Folhas de resina epóxi recobertas de cobre e destinadas à fabricação de circuitos de alta densidade. Existem hoje, no mercado, diversos fabricantes, tais como: AlliedSignal, Asahi, Circuit Foil, Furukawa, Hitachi, Mitsui, Polyclad, Toshiba, Sumitomo etc.

RDS

Radio Data System. Protocolo destinado à transmissão de dados, utilizando portas FM. A velocidade é da ordem de octetos empregados por segundo.

RDS-TMC

Radio Data System, Traffic Message Channel. Protocolo FM para transmissão de informações de tráfico em rodovias, o padrão TC 204 utiliza protocolos e codificação em formato Alert C, que possui uma norma especial ISO 1419-1.

RFID

Radiofrequency Identification. Tecnologia de identificação por radiofreqüência, que funciona com bandas de 135 kHz, 13,56 MHz, 860/930 MHz, 2,45 GHz, além de UHF. É normalizada por ISO.

Rijndael

O algoritmo de codificação rebatizado pelos americanos de AES foi escolhido para substituir o padrão DES para proteger dados sensíveis. Ele especifica três tamanhos de chaves: 128 bits, 192 bits e 256 bits, com um máximo de 1077 combinações possíveis.

RMI

Remote Method Invocation. Considerado um dos melhores mecanismos do ambiente Java para realizar aplicações com objetos distribuídos. Para facilitar a comunicação entre muitos periféricos em uma rede, a tecnologia Jini é uma variante do mecanismo RMI.

RNIS

Rede digital para integração de serviços (em inglês, SDN). Rede digital que permite transportar, na mesma estrutura, voz, dados e imagens. Comercializado na França, depois de 1988, com o nome de Numéris, transmite sinal digital de ponta a ponta. RNIS oferece canais a 64 kbit/s(B) e a 16 kbit/s (D). Um pacote RINIS primário oferece até 2 Mbit/s, 30 canais B e 1 canal D.

RNRT

Réseau National de Recherche en Télécommunications. Rede de pesquisa francesa que aglutina projetos, associando laboratórios públicos, indústria e operadores.

Routagem

No domínio dos componentes eletrônicos, essa operação consiste em definir as interconexões dos elementos de um circuito no nível de sua topologia.

RS-644

Especificação de interface normalizada por IEEE, que define as características E/S da tecnologia LVDS. Define, também, parâmetros de base para segurança integrada (± 1 V).

RSA

O mais célebre criptossistema para chaves públicas desenvolvido por Rivest, Shamir e Adleman, baseado numa dificuldade matemática para fatorar grandes números em dois ou vários. Utilizado para produzir assinaturas digitais e codificação de mensagens.

RTC

Réseau Téléphonique Commuté. Rede tradicional de comutação telefônica.

RTL

Register Transfert Level. Formato de linguagem de concepção de circuitos, independentemente da tecnologia utilizada para fabricação. A linguagem pode ser Verilog ou VHDL.

SAR

Successive Approximations Register. Arquitetura para conversão analógico-digital. É destinada a conversões de alta resolução para bandas passantes limitadas.

SC17

Comitê de ISO/IEC JTC1 com a responsabilidade de estabelecer padrões para equipamentos com funções de identificação.

SC31

Subcomitê l'ISO/IEC JTC1, com a responsabilidade de estabelecer padrões no domínio de identificação e aquisição automáticas de dados.

SDH

Synchronous Digital Hierarchy. Conhecida nos Estados Unidos como Sonet, define a infra-estrutura de transporte para as redes de telecomunicações por fibra ótica. Essa tecnologia foi desenvolvida para facilitar a evolução de velocidade, simplificar a gestão da banda passante e melhorar as possibilidades de exploração e de manutenção das redes de telecomunicações. Define, em particular, os níveis sucessivos de multiplexagem das vias de transmissão STM-1 (ou Sonet OC-3) a 155,52 Mbit/s, STM-4 (OC-12), a 622,08 Mbit/s, STM-16 (OC-48), a 2,488 Gbit/s, e STM-64 (OC-192), a 9,953 Gbit/s.

SDL
Specification and Description Language. Linguagem de desenvolvimento formal, normalizada sob forma textual e gráfica, para melhorar as possibilidades de exploração de sistemas de controle baseados em algoritimos de média complexidade.

SerDes
Serialiser-Deserialiser. Circuitos de emissão-recepção para assegurar a seriação de dados paralelos e função inversa.

SET
Security Electronic Transaction. O protocolo SET foi definido por Visa e Mastercard para segurança de transações bancárias em rede aberta, graças aos meios criptográficos e às chaves públicas.

SGRam
Pour Synchronous Graphic Ram. Tipo de memória Ram concebido para aplicações gráficas em 3D e vídeo.

Sicas
Semiconductor International Capacity Statistics. Empresa criada para fornecer dados estatísticos sobre a produção de semicondutores a grandes organizações internacionais de componentes eletrônicos, como a EECA européia, a EIAJ japonesa, a SIA americana e a KSIA coreana. Inclui também indústrias de Tawin representadas por ITRI/ERSO.

SIMD
Single Instruction Multiple Data. Sistema adaptado ao tratamento das operações do tipo vetoriais, ou seja, instruções que se aplicam a vários dados.

SMBus
System Management Bus. Destinado à gestão de periféricos de baixa velocidade (*mouse*, teclado, leitor de disquete etc.).

SNMP
Simple Network Management Protocol. Primeiro protocolo de administração de redes que permite, de forma simples, gerenciar parâmetros de equipamentos de rede, como modificar, acrescentar ou apagar parâmetros.

SPI
System Packet Interface. Interfaces recomendadas por l'Optical Internetworking Forum (OIF), organização encarregada de promover a interoperabilidade de equipamentos conectados por redes óticas. Essas interfaces, ponto a ponto, suportam velocidades de OC-48/STM-16 (2,5 Gbit/s), menos para interface SPI-3, OC-192/STM-64 (10 Gbit/s), SPI-4.2 e OC-768/STM-256 (40 Gbit/s) e para interface SPI-5.

SSL
Secure Socket Layer. Protocolo destinado à segurança TCP (autenticação cliente/servidor), desenvolvido por Netscape (A. Frier, P. Karlton e P. Kocher).

STIP
Small Terminal Interoperability Platform. Conjunto de especificações que foi escolhido pelo consórcio Finread e por GlobalPlatform, Visa e Mastercard, para os terminais EMV. É um *middleware* dedicado a pequenos terminais, que permite pilotar, de forma segura, síncrona e por eventos (*event mode*) um grande número de entradas e saídas de periféricos.

TC PAM

Treillis Coded Pulse Amplitude Modulation. Empregado notadamente nos padrões HDSL2 e G.SHDSL, esse tipo de codificação utiliza 16 níveis correspondentes de tensão, correspondendo a 4bits por símbolo (*baud*), 3 bits úteis e um bit de codificação/correção de erros.

TDMA

Time Division Multiple Access. Técnica de multiplexagem temporal que consiste em atribuir a cada via ou a cada utilizador um intervalo de tempo preciso na trama de transmissão de informações. Essa técnica é muito utilizada no domínio das radiocomunicações.

Telnet

Protocolo Padrão da Internet. Permite a conexão a um computador distante (geralmente um *mainframe*), como se o cliente estivesse em um terminal local (terminal virtual ou *remote login*).

Tela FED

Field Emission Display. Novo tipo de tela plana em que o princípio de base é idêntico ao de tubos catódicos: elétrons emitidos por uma fonte (catodo) são projetados sobre uma tela recoberta por uma colcha de luminóforos (anodo). O francês PixTech foi o primeiro a lançar a industrialização do modelo.

TMDS

Transition Minimized Differential Signalling. Criado por Silicon Image para definir uma interface digital entre um monitor e uma unidade central. Ele repousa sobre uma transmissão digital seriada em modo diferencial.

Trem de transporte MPEG-2

Também chamado de fluxo de transporte, o MPEG-2 é um sinal de base digital obtido por um decodificador de TV digital, após remodulação e correção do sinal fornecido pelo operador de teledifusão. Esse sinal multiplexado contém todas as informações necessárias para a decodificação posterior dos dados áudio e vídeo assim como sua sincronização.

TTP

Time-Triggered Protocol. Protocolo de comunicação de rede pelo qual os dados e as instruções circulam a intervalos de tempo regulares em vez de serem desencadeados por eventos como uma rede do tipo *Event-Triggered Protocol*.

Turbocodes

Inventada por três pesquisadores do l'ENST Bretagne (Claude Berrou, Alain Glavieux e Ramesh Pyndiah), é uma tecnologia de codificação de erros no domínio das transmissões digitais usadas nas especificações UMTS, DVB-RCS, DVB-RCT e IEEE 802.16.1. Permite a aproximação da teoria da informação de Shannon, com um ganho de 2 a 4 dB, em relação aos códigos de correção de erros tradicionais.

Ubiqüidade

Possibilidade de um utilizador interagir com uma multiplicidade de equipamentos interconectados e captadores, em geral, graças a uma rede *ad doc* e uma arquitetura informática distribuída.

UDP

User Datagram Protocol. Protocolo padrão de internet utilizado no lugar do TCP, quando não é necessário colocar em vários pacotes os dados a serem transmitidos.

Ultra ATA/ 66

Extensão da interface Ultra ATA/33, concebida como padrão para grandes fabricantes de HD. É um protocolo com alta velocidade e bem adaptado às aplicações em áudio e vídeo, que reclamam longas seqüências de transferência.

UML

Unified Modeling Language. Especificada por l'OMG (Object Management Group), a UML é um padrão para descrição de sistemas. É uma categoria de linguagem de programação gráfica diferente das linguagens tradicionais, tais como C, C++, Ada ou Java, que são linguagens textuais. Possui uma semântica e uma sintaxe formais, e cada instrução de linguagem corresponde a uma construção gráfica precisa.

UMTS

Universal Mobile Telecommunications System. Nome dado na Europa às redes de radiocomunicação de terceira geração, permitindo a cada utilizador uma velocidade entre 384 Kbit/s e 2 Mbit/s, em condições de mobilidade reduzida. As redes UMTS terrestres possuem uma interface de rádio dita UTRA, baseada em uma tecnologia CDMA, distinta do GSM.

VCXO

Voltage Controlled Crystal Oscillator. Oscilador pilotado por uma ressonância a quartz, para fazer variar a freqüência de aplicação de uma tensão de comando.

Vida computacional

Domínio da informática para estudar programas que evidenciem, pelo menos, uma forma de vida, evolução, emergência, auto-organização, complexidade, reprodução etc.

VDSL

Very high bit rate Digital Subscriber Line. Tecnologia da família VDSL, normalizada por 'lAnsi, l'Etsi e l'UIT, a VDSL permite alta velocidade em cabos telefônicos. Simétricos ou assimétricos, os sistemas VDSL podem fornecer até 60 Mbit/s em fluxo descendente e 2 Mbit/s em fluxo ascendente.

Viaccess

Método de acesso condicional, conforme especificações do fórum DVB, para terminais digitais de TV por Viaccess SA, uma filial da France Telecom. Esse método é baseado na utilização combinada da chave privada (estocada no cartão a *chip* do assinante) e da chave de serviço e login de controle para acessar os fluxos MPEG-2.

Visa

Virtual Instrument Software Architecture. API de auto nível, é uma linguagem de entrada/saída para programação de instrumentos de medida. Essa linguagem orientada ao objeto autoriza uma aplicação escrita em VISA, em diferentes tipos de plataforma e desenvolvimento de interfaces, para instrumentos e medida.

VLIW

Very Long Instruction Word. Arquitetura informática na qual um número importante de instruções escolhidas pelo compilador é reagrupado numa palavra de instrução de grande tamanho. A finalidade é de que essas instruções possam ser executadas simultaneamente sobre diferentes unidades de cálculo do processador, aumentando, assim, sua potência.

VSAT

Very Small Aperture Terminal. Nome atribuído aos serviços de transmissão de dados bidirecionais por satélite. Esses dados são transmitidos entre uma estação principal e um conjunto de microestações chamadas de VSAT e equipadas de pequenas antenas. Os serviços VSAT interessam a empresas e organizações onde os múltiplos sites são dispersos em uma grande superfície territorial.

VSWR

Voltage Standing Wave Ratio. Relação de ondas estacionárias nomeada também de ROS em tensão, numa linha de transmissão. O ROS é a relação entre os valores máximos e mínimos da amplitude de um sistema de ondas estacionárias. É calculado a partir do coeficiente **r**.

WAN

Wide Area Network. Rede distante onde a distância supera uma mesma superfície, como no caso das LAN (Local Area Network). Pode ser definida também como uma interconexão de várias redes locais.

WAP Forum

Criado pela Nokia, Ericsson, Motorola e OpenWave, é um protocolo de alto nível, dedicado aos telefones celulares, compatível com os meios de transporte comuns, como o SMS ou GPRS, para permitir serviços de acesso à internet e serviços predefinidos como táxi, anuário telefônico etc. Esse protocolo é independente das tecnologias utilizadas GSM, DSC 1800, CDMA etc.

Web semântica

A WebSemântica se apóia num modelo simples (*RDF Model*) que permite descrever os dados e as relações entre eles. É possível utilizar diferentes sintaxes para esse modelo, como a sintaxe RDF.

Widgets

Objetos gráficos (botões, barras de rolagem, ícones, caixas de diálogos etc.), que formam os constituintes de base de uma interface gráfica.

Wi-Fi

Wireless Fidelity. Certificação atribuída por WECA (Wireless Ethernet Compatibility Alliance) aos equipamentos de rede sem fio do padrão IEEE 802.11b (11 Mbit/s).

WiMax

Interconexão Mundial por Acesso em Microondas, ou 802.11b, tecnologia de navegação internet sem fio, é fruto de um consórcio de 140 empresas de tecnologia, com a gigante dos *chips* Intel à frente. Um ponto WiMax permite oferecer conexão em um raio de até 50 km, com velocidade máxima de 70 Mbps (Megabits por segundo).

WPA

Wi-Fi Protected Access. Especificação elaborada por Wi-Fi para assegurar a confidencialidade de transmissão nas redes locais em rádio 802.11. A especificação WPA impõe uma criptagem de dados reforçada com relação à tecnologia WEP – Wired quivalent Privacy, baseada no protocolo TKIP – Temporal Key Integrity Protocol. Ela integra um mecanismo de autenticação inexistente na WEP, fundada sobre as técnicas 802.1x e EAP – Extensible Authentification Protocol.

xDSL

A xDigital Subscriber Line é uma tecnologia digital que permite aumentar a velocidade da transmissão de dados nas linhas telefônicas clássicas. Podemos distinguir a ADSL (*asymetric* DSL) a 8 Mbit/s descendentes e 1 Mbit/s ascendente; a VDSL (*very high speed* DSL), com velocidade descendente de, no máximo, 52 Mbit/s, e ascendente, de 13 Mbit/s máximo ou velocidade bidirecional de 34 Mbit/s e HDSL bidirecional a 2 Mbit/s.

Referências

AUFRANT, Marc; NIVLET, Jean-Marie. Des concepts pour la mesure de l'économie de l'information: les secteurs TIC et du contenu Séminaire de Comptabilité nationale. **9ème colloque de comptabilité nationale Paris**, p. 21-22, nov. 2001.

BADDELEY, A. **La mémoire humaine:** théorie et pratique. Grenoble: Presse Universitaire de Grenoble, 1993.

BASTIEN, J. M. C.; SCAPIN, D. L. Ergonomie du multimédia et du web: questions et résultats de recherche. **GDR-PRC I3, Information – Interaction – Intelligence**: Actes des Assises Nationales, Lyon, p. 69-72, jun. 1998.

BARTHET, M. F. **Logiciels interactifs et ergonomie**. Paris: Dunod, 1988.

BÉTRANCOURT, M.; BAYLON, Ch. Baylon, X. Mignot. **La communication**. Nathan Université, 1991. (Série Linguistique).

BAUER-MORRISON, J.; TVERSKY, B. Les animations sont-elles vraiment plus efficaces? **Revue d'intelligence artificielle**, n. 1-2, v. 14, p. 149-166, 2001.

BONNIE, E. John; KIERAS, David. **The GOMS family of analysis techniques:** tools for design and evaluation. Carnegie Mellon, University School of Computer Science. Technical Report CMU-CS-94-181, 1994. Disponível em: ftp://reports.adm.cs.cmu.edu/usr/anon/1994/CMU-CS-94-181.ps. Acesso em janeiro de 2005.

BOUAUD, J. BACHIMONT; B., CHARLET, J.; ZWEIGENBAUM, P. Acquisition and structuring of an ontology within conceptual graphs. In: **Proceedings of ICCS'94 workshop on knowledge acquisition using conceptual graph theory**. Maryland: University of Maryland, 1-25. Disponível em:http://citeseer.ist.psu.edu/bouaud94acquisition.html

BOUGNOUX, Daniel. **Sciences de l'information et de la communication**. Paris: Édition Larousse, 1994. (Collection Textes Essentiels).

BOY, G. **L'ingénierie cognitive:** IHM et cognition. Paris: Hermès Science, 2003. p. 411-447.

BRAY, Florence. **La télévision haute définition:** naissance e mort d'un grand projet européen. Paris: Harmattan, 2000.

BREHMER, B.; LEPLAT, J. **Distributed decision-making:** cognitive models for cooperative work. Chichester, UK: Wiley, 1991. p. 75-110.

BRUILLARD, E.; LA PASSADIÈRE, B. Fonctionnalités hypertextuelles dans les environnements d'apprentissage. In: TRICOT, A.; ROUET, J. F. **Hypertextes et hypermédias, concevoir et utiliser les hypermédias:** approches cognitives et ergonomiques. Paris: Hermès, 1998. p. 95-122.

CARD, S. T.; MORAN, A. Newell. **The psychology of human-computer interaction**. Hillsdale: Erlbaum, 1983.

COUTAZ, J. **Interfaces homme-ordinateur**. Paris: Dunod, 1990.

DELEUZE, Giles; GUATTARI, Félix. **Mil Platôs**. Rio de Janeiro: Editora 34, v.2, 1995.

DILLENBOURG, P.; POIRIER, C.; CARLES, L. Communautés virtuelles d'apprentissage: e-jargon ou nouveau paradigme? In: TAURISSON, A. ; SENTINI, A. **Pédagogies, Net**. Montréal:Montréal Presses, 2003. Disponível em: http://tecfa.unige.ch/tecfa/teaching/staf11/textes/Dillenbourg2003.rtf

EMMECHE, Claus. A semiotical reflection on biology, living signs, and artificial life. **Biology and Philosophy**, n. 3, v. 6 , p. 325-340, 1991.

EVAIN, J. P. UER. **Revue Technique,** Printemps, 1998.

Evaluation homem-machine. Disponível em: http://www.hec.unil.ch/fbodart/IHM/Chap7. Acesso em abril de 2005.

FARENC, C. **Ergoval:** une méthode de structuration des règles ergonomiques permettant l'évaluation automatique d'interfaces graphiques. Thèse de doctorat. Université de Toulouse 1, 1997.

FERNANDES, J. L.; SILVEIRA, G. **Introdução à televisão digital interativa:** arquitetura, protocolos, padrões e práticas. João Pessoa: Impresso, 2006.

FRANK, Wohlrabe. **Guide pratique de l'infrarouge**: télécommande, télémétrie, tachymétrie. Récupérée de ISO http://www.iso.ch/iso/fr/ISOOnline.

GREEN, T.; PAYNE, S.; VAN der VEER, G.; **The psychology of computer use**. Orlando, Academic Press, 1983.

GROSJEAN, Christophe e MARIN, Samuel. **Critical study of a usability inspection method:** the cognitive walkthrough. Mémoire, Paris: FUNDP Institut d'Informatique, 2000.

HABERMAS, J. **Théorie de l'agir communicationnel**. Poitiers: Fayard, 1987. v. I e II.

_____. **De l'éthique de la discussion**. Paris: Lés Éditions du CERF, 1992.

GARCIA,T. E.; HENRIET, J.; LAPAYRE, J.C. Le pèlerin optimiste. Gestion de la concurrence dans les collectitiels: vers des protocoles optimistes. **7th African Conference on Research in Computer Science, CARI'04**. Tunisia: Hammamet, nov. 2004. p. 389-396.

HEIMBECHER, S. Prèmiers sorties de la MHP à l' IFA UER. **Revue technique**, n. 282, mar. 2000.

HOC, Jean Michel. **L'ergonomie cognitive un compromis nécessaire entre des approches centrées sur la machine et des approches centrées sur l'homme.** Disponível em: http://www.ergonomieself.org/rechergo98/pdf/hoc.pdf. Acesso em: dezembro de 2004.

HUDSON, S. E. et al. A tool for creating predictive performance models from user interface demonstrations, **CHI letters**, v. 1, n. 1, p. 93-102, 1999.

JOHNSON, P. **Human computer interaction**. Cambridge: MacGraw-Hill, 1992.

KOLSKI, C. **Ingénierie des interfaces homme-machine:** conception et evaluation. Hermes, 1993.

LAVERY, Darryn; COCKTON, Gilbert. **Cognitive walkthrough usability evaluation materials**. Technical Report TR-1997-20, University of Glasgow. Disponível em: http://www.dcs.gla.ac.uk/~darryn/research/publications/TR-1997-20/.

LECOMTE, Jacques et al. **Une logique de la communication Sciences Humaines**, n. 66, nov. 1996.

LEGAY, L. **Trois principes technologiques pour inventer les réseaux d'intelligence collective**. Disponível em: http://ru3.com/luc/.

LEITE, Luiz Eduardo Cunha et al. **FlexTV**: uma proposta de arquitetura de *middleware* para o sistema brasileiro de TV digital. João Pessoa.

LÉVY, Pierre. **Cibercultura:** rapport du Conseil de l'Europe. Paris: Edile Jacob, 1999.

_____. Les images numériques. **Les Dossiers de l'Ingéniérie éducative**. Paris: CNDP, n. 47-48, juin-oct. 2004.

_____. **Art numérique**. Edmond Couchot, Norbert Hillaire. Paris: Flammarion, 2003.

LEWIS, Clayton; RIEMAN, John. **Task-centered user interface design, a practical introduction**, 1993. Disponível em: ftp://.cs.colorado.edu/pub/cs/distribs/clewis/HCI-Design-Book/

MACHADO, Arlindo. Anamorfoses cronotópicas ou a quarta dimensão da imagem. In: MEINADIER, J. P. **L'interface utilisateur**: pour une informatique plus conviviale. Paris: Dunod, 1991.

_____. **L'interconnexion des réseaux à large bande du g-7 fait progresser la société mondiale de l'information**. Disponível em: http://www.ic.gc.ca/cmb. Acesso em: maio de 2005.

MATURA, H.; VARELA, F. **A árvore do conhecimento**. São Paulo: Palas Athena, 1079.

PAILLIART, Isabelle. **Les territoires de la communication**. Grenoble: Presses universitaires de Grenoble, 1993.

PARENTE, André. **Imagem-Máquina**: a era das tecnologias do virtual. Pazulin: Rio de Janeiro, 1996.

PENALVA, J. M. Unité de Recherche sur la Complexité EMA – CEA. Revista eletrônica. **Diploweb**, 2033. Disponível em: http://www.diploweb.com. Acesso em: junho de 2005.

PERKINS, D. N. L'individu-plus: une vision distribuée de la cognition et de l'apprentissage. **Revue française de pédagogie**, n. 111, p. 57-71, 1995. Disponível em: http://tecfa.unige.ch/tecfa/teaching/staf11/textes/Perkins.pdf. Acesso em março de 2006.

PRIMO, Alex ; CASSOL, Márcio. **Explorando o conceito de interatividade:** definições e taxonomias. Disponível em: http://usr.psico.ufrgs.br/~aprimo/pb/pgie.htm

RAPPORT. Commission des communautés européennes – Bruxelles, le 30.7.2004. Com(2004)541 final communication de la commission au conseil, au parlement européen, au comité économique et social européen et au comité des régions relative à l'interopérabilité des services de télévision numérique interactive, 2004.

_____. COM (2003). Commission des communautés européennes. Bruxelles, abr. 2003..

_____. **L'accessibilité numérique dans la loi française**: propositions de l'association Braille. Net, 2 fév. 2004.

_____. **Une société de l'information pour tous**. Communication concernant une initiative de la Commission pour le Conseil européen extraordinaire de Lisbonne des 23 et 24 mars 2000. Disponível em: eeurope@cec.eu.int=. Acesso: março de 2005.

_____. **CNRS - Rapport d'activité 2000-2001 du GDR-PRC ISIS** - Le GDR-PRC ISIS (Information, Signal, Images et viSion).

_____. **Commission européenne**. Technologies de la société de l'information Priorité thématique la Recherche et du Développement au titre du Programme Spécifique «Intégration et renforcement de l'Espace Européen de la Recherche» du sixième Programme-Cadre Communautaire 2005-2006. Disponível em: http://www.cordis.lu/ist. Acesso em julho de 2005.

_____. **Projet MINERVA** – Réseau Ministériel pour la Valorisation des Activités de Numérisation (Ministerial Network for Valorising Digitisation Activities)

_____. **Des travaux du groupe de travail**. ENUM RFC 2916 DE l'IETF – RNRT Réseau National de Recherche en Télécommunication, 2003.

_____. Rapport par Sir Turnbull intitulé Civil Service Reform, Delivery and Value, afin de présenter son programme de réforme visant à rendre la fonction publique plus efficace. Services publics en ligne qui sont présentement utilisés par les citoyens et les entreprises des pays participants. L'étude analyse aussi la qualité des services publics en ligne, n. 4, 16 mar, 2004.

RAPPORT. **Commission des communautés européennes.** Bruxelles, le 7 décembre 2000. Com (2000) 814 communication de la commission au conseil, au parlement européen, au comité économique et social et au comité des régions. Sixième rapport sur la mise en oeuvre de la réglementation en matière de télécommunications.

_____. **European Commission Information Society Technologies.** A thematic priority for research and development under the specific programme "Integrating and strengthening the European research area" in the Community sixth framework programme 2005-06 Work Programme. Disponível em <http://www.cordis.lu/ist>. Acesso em abril de 2005.

_____. **Collectivités territoriales françaises,** 5 déc 2003.

_____. **Déclaration adoptée lors du premier Sommet mondial des villes et des pouvoirs locaux sur la société de l'information.** Lyon, n. 4, 5 déc. 2003.

_____. Appel à propositions visant à encourager le développement et l'utilisation du contenu numérique européen sur les réseaux mondiaux et ainsi qu'à promouvoir la diversité linguistique dans la société de l'information. Commission européenne , 22 fév. 2004.

_____. Commission européenne, 108 final , COM(2004), 18 fév. 2004.

_____. **eContent 2004:** appel à propositions. Commission européenne, 14 fév. 2004.

_____. Appel à propositions pour des actions indirectes à réaliser dans le cadre du programme visant à encourager le développement et l'utilisation du contenu numérique européen sur les réseaux mondiaux et ainsi qu'à promouvoir la diversité linguistique dans la société de l'information, 2001-2005.

_____. **eContent:** actualisation du programme de travail. Commission européenne, 13 fév. 2004.

_____. **Plan d'action du Sommet mondial sur la société de l'information.** Nations Unies ,12 déc. 2003.

_____. **Plan d'action adopté lors du Sommet mondial sur la société de l'information,** Genève, p.10-12, déc. 2003.

_____. **Déclaration de principes du Sommet mondial sur la société de l'information,** Nations Unies, 12 déc. 2003.

_____. **Déclaration de principes adoptée lors du Sommet mondial sur la société de l'information,** Genève, p. 10-12, déc. 2003.

_____. **Communication de la Commission européenne sur les communications commerciales non sollicitées ou «spams»** Commission européenne, p. 28 final, 22 jan. 2004.

_____. **Communication de la Commission européenne sur les communications commerciales non sollicitées ou «spams»** Commission européenne, p. 28 final, 22 jan. 2004.

_____. **European broadcasting union union européenne de radio television postal address/ Adresse postale Office Bureau Original**: anglais Commentaires de l'UER sur le document de travail des services de la Commission concernant l'interopérabilité des services de télévision numérique interactive, 30 avr. 2004.

_____. **De** Travaux de recherche et comptes rendus sur: Le Bon, Adorno, Barthes, Cazeneuve, Foucault, Freud, Horkheimer, Laborit, Lacan, Levi-Strauss, Lewin, Mac Luhan, Mead, Moles, Saussure, Shannon, Watson, Weaver, Wiener et l'école de Palo Alto Non publié, 1995/96.

_____. **ETSI TR 102 282,** fév. 2004.

_____. **Communiqué de presse.** Les membres du Comité de pilotage du Consortium européen OPERA se rassemblent à Mannheim. Acesso em julho de 2005.

SCHMIDT, K. Cooperative work: a conceptual framework. **Design Sciences and Technology,** vol. 6, n. 2, p. 5-18, 1991.

SHANNON, C. **The mathematical theory of communication.** Illinois, University of Illinois, 1948.

SILVA, M. Um convite à interatividade e à complexidade: novas perspectivas comunicacionais para a sala de aula. In: GONÇALVES, Maria Alice Rezende (org.). **Educação e cultura:** pensando em cidadania. Rio de Janeiro: Quartet, p. 135-167, 1998.

TRICOT, A. IHM, cognition et environnements d'apprentissage. In: BOY, G. **L'ingénierie cognitive:** IHM et cognition. Paris: Hermès Science, p. 411-447, 2002

_____. **Hypertextes et hypermédias, concevoir et utiliser les hypermédias**: approches cognitives et ergonomiques. Paris: Hermès, p. 95-122, 1998.

_____. A quels types d'apprentissages les logiciels hypermédia peuvent-ils être utiles? Un point sur la question. **La Revue de l'EPI,** p. 76, 97-112, 1994.

VAN der VEER, G.; TAUBER; GREEN, et alii. **Readings in cognitive ergonomics**: mind and computers. Orlando, Academic Press, 1984.

Sites consultados

<http://www.oecd.org>
<http://www.oecd.org/infopays>
<http://www.ic.gc.ca/cmb>
<http://www.europa.eu.int/index_fr.htm>
<http://europa.eu.int/ispo/ida>
<http://europa.eu.int/information_society/eeurope/egovconf/index_en.htm>
<http://www.fcc.gov>
<http://www.92/38/CEE>
<http://solutions.journaldunet.com>
<http://www.mhp-france.com>
<http://www.fr.wikipedia.org>
<http://www.mhp-france.com/kiosque.html>
<http://www.dvb.org>
<http://www.backpackit.com>
<http://www.37signals.com>
<http://www.fredcavazza.net>
<http://www.olats.org>
<http://www.spi.www.media.mit.edu>
<http://web.media.mit.edu/~ishii>
<http://www.olats.org>
<http://www.cogvisys.aiks.uni-karlsruhe.de>
<http://www.afia.lri.fr>
<http://www.calia.org>
<http://www.limsi.fr/Individu>
<http://www.netnewswireLite>
<http://www.projetru3.org>
<http://www.vieartificielle.com>
<http://www.incx.nec.co.jp/robot/PaPeRo>
<http://www.ai.mit.edu/projects/humanoid>
<www.opencable.com/ocap.html>
<http://www.websemantique.org>
<http://www.intuilab.com>
<http://www.canalplus-technologies.com>
<http://www.opentv.com>
<http://www.liberate.com>
<http://www.microsoft.com/tv>
<http://www.emepa.eu.int/information_society>
<http://www.fst.univ-corse.fr>
<http://www.ims-ism.nrc>
<http://www.cnrc.gc.ca/patents/cases/mbe_grown_insulating_gallium>
<http://www.cyberbiology.org/langton>
<http://www.a-com.com/paper/penalva>
<http://cogvisys.vision.ee.ethz.chet>
<http://www.informatik.uni-freiburg.de/~cogvisys/>
<http://www.esat.kuleuven.ac.be/~konijn/cog-1.html>
<http://www.diploweb.com>
<http://www.iso.ch/iso/fr/ISOOnline>
<http://www.ic.gc.ca/cmb>
<http://usr.psico.ufrgs.br/~aprimo/pb/pgie.htm>
<http://www.iphilgood.chez.tiscali.fr>
<http://java.sun.com/products/javatv/>
<http://www.satmag.com/>
<http://www.opengroupware.org>
<http://www.cpn-web.paris.ensam.fr>
<http://www.euroaccessibility.org>
<http://www.braillenet.org/accessibilite/>
<http://www.accessiweb.org>
<http://www.hcibib.org>
<http://www.useit.com/Alertbox>
<http://www.opengroupware.org>
<http://www.open-xchange.org>
<http://www.egroupware.org>
<http://www.hula-project.org>
<http://www.phprojekt.com/>
<http://www.sun.com/styleguide/>
<http://www.iso.ch/iso/fr/ISOOnline>
<http://www.epi.asso.fr/ver1024/acc-ie.htm>
<http://ciel5.ac-nancy-metz.fr/ac-tice>